山西省艺术科学规划课题（22BG082）资助

U0161651

潞绸

传统技艺与

数字化传承

吴改红／著

中国纺织出版社有限公司

内 容 提 要

　　本书对潞绸的历史脉络进行了梳理，分析了潞绸的传统纺织技术和艺术特征，重点研究了潞绸织物的数字化设计与现代数码加工技术，对清代潞绸肚兜文物进行了数字化信息解析和虚拟仿真，实现了潞绸肚兜文物的数字化再现。

　　本书可供从事纺织历史、纺织技艺、丝绸技艺及艺术文化传承等相关研究的专业人员阅读。

图书在版编目（CIP）数据

　　潞绸传统技艺与数字化传承／吴改红著 . --北京：中国纺织出版社有限公司，2023. 11

　　ISBN 978-7-5229-0869-4

　　Ⅰ. ①潞… Ⅱ. ①吴… Ⅲ. ①丝绸—丝织工艺—数字化—研究—山西 Ⅳ. ①TS145. 3-39

　　中国国家版本馆 CIP 数据核字（2023）第 159027 号

责任编辑：孔会云　　特约编辑：王怡然　　责任校对：高　涵
责任印制：王艳丽

中国纺织出版社有限公司出版发行
地址：北京市朝阳区百子湾东里 A407 号楼　邮政编码：100124
销售电话：010—67004422　传真：010—87155801
http://www.c-textilep.com
中国纺织出版社天猫旗舰店
官方微博 http://weibo.com/2119887771
天津千鹤文化传播有限公司印刷　各地新华书店经销
2023 年 11 月第 1 版第 1 次印刷
开本：710×1000　1/16　印张：9
字数：201 千字　定价：88.00 元

序

　　作为潞绸手工织造技艺非物质文化遗产（以下简称非遗）的传承人，我一直认为传统文化和技艺的传承是我的责任和使命。然而，传承并不是简单地传递技艺和知识，还包括对历史文化的理解和传承意识的培养。

　　在现代化的背景下，潞绸传统技艺面临着许多挑战和困难，如市场需求不足、传承人缺少等。因此应非常重视非遗的传承工作，通过多种方式，让更多的人了解和认识潞绸传统技艺，并参与到传承与创新工作中来。近年来，在潞绸技艺的传承工作中，结合现代化技术手段，不断创新和改革，将潞绸传统织造技艺与现代技术相结合，开发出了更多的新产品。同时，不断加强非遗传承人的培养，让更多的年轻人加入潞绸传统技艺传承的队伍中来。

　　目前，数字化已经成为人们生活中不可分割的一部分。数字化技术的发展也为传统文化的传承提供了新的可能。吴改红所著的《潞绸传统技艺与数字化传承》将传统技艺与数字化技术相结合，不仅可以更有效地保护和传承传统技艺，还可以将传统文化与现代技术相结合。使用数字化技术记录和保存潞绸传统技艺的历史和工艺，同时，数字化技术也使传统技艺的传承更加灵活和便捷，吸引更多的年轻人参与到传统技艺的传承工作中来。但传统技艺的数字化传承也存在一定的难度，如数字化技术的普及和应用需要一定的技术水平和资源投入，这对于传统技艺传承者来说并不容易，另外，在数字化传承过程中，也需要注意传统技艺原汁原味地传承，不能因为使用数字化技术而改变传统技艺的本质。

总体来说，数字化传承是一种具有前景的传承方式，可以更好地保护和传承传统技艺，希望本书的出版能够让更多的人了解和认识潞绸传统织造技艺，为传承工作做出更多的贡献。

2023 年 6 月

前　言

潞绸是古代山西潞安地区（今山西长治、高平一带）生产的著名丝织品，潞绸织造技艺已经入选国家级和山西省省级非物质文化遗产名录。据史书记载，潞安地区是西陵氏之女黄帝元妃嫘祖（约公元前 2550 年）发明养蚕的发源地之一，当地人多种植桑树，桑蚕生产兴盛已久。明代中期，潞安地区的丝绸织造技术已经相当发达，成为北方最大的织造中心之一，产品远销国内外。明清时期，潞绸发展到鼎盛，不仅是重要的皇室贡品，还是支撑晋商发展的主要商品。据《潞安府志》记载，清乾隆年间，潞安府年产潞绸 100 万匹以上，达到"士庶皆得为衣"的程度，曾有"南淞江，北潞安，衣天下"之佳话。清朝后期，受连年战乱以及自然灾害等多种因素的影响，潞绸逐渐失去了市场竞争力，走向衰落。现今，潞绸的发展远远落后于南方丝绸（如苏州宋锦、南京云锦、四川蜀锦、广西壮锦等）。但潞绸作为中华历史上曾经灿烂的丝织品，值得人们去研究探索，应用现代数字化手段对其精髓进行传承与创新。

近年来，笔者在潞绸领域开展了一系列研究，尤其在山西潞绸传统技艺保护与传承方面做了较多工作。目前国内关于潞绸的记录大多在晋商、山西地方志等方面的图书中有所体现，专门针对潞绸传统技艺及其数字化传承的图书较少。笔者基于潞绸传统技艺数字化方面的研究，结合大量的文献查阅、梳理和实地调研，撰写了本书。本书内容包括：潞绸简介、潞绸传统纺织技术、潞绸的艺术特征、潞绸织锦的数字化设计与加工、清代潞绸肚兜的数字化再现。本书涉及的数字化内容对研究山西传统潞绸而言，仅是初步尝试，由于研究范围有限，一些未涉足的研究领域还有待在后续研究中补充。

希望本书的出版能够为我国潞绸传统技艺的数字化传承与创新做出微薄的贡献。

本书在编撰过程中得到了刘淑强、张瑶、张洁的帮助，本书的出版还得到了山西潞安府潞绸织造集团股份有限公司和山西潞绸文化研究会的资助，以及山西省社会科学联合会重点课题、山西省艺术科学规划课题的支持，在此表示诚挚的感谢！

由于水平有限，时间仓促，书中定有许多不足之处，希望能够得到广大读者和同行专家的批评指正。

吴改红

2023 年 5 月

目录

第1章

潞绸简介

潞绸是古代著名的丝绸织物之一，因产于古代山西潞安地区（今山西省长治和高平地区）而得名。2014 年，潞绸手工织造技艺入选国家级非物质文化遗产。潞绸不仅曾为皇室用品，也是山西泽潞地区的商人行销各地、出口海外的主要商品。本书中所探讨研究的潞绸不限于皇室贡品及海外销售的制作精良的丝绸，而是将山西省东南部地区所生产的传统丝织品统称为潞绸。潞绸是山西潞安地区传统的丝织品，更是山西纺织技术的代表。据《潞安府志》记载，明朝洪武初年，泽潞地区家家户户种桑养蚕、缫丝织布，种有桑树 8 万余棵，织机 9000 余台，绸庄丝店遍布街巷，机杼之声随处可闻。可见明清时期，潞绸的发展就已进入鼎盛时期。

古代山西泽潞地区是现在山西省东南部的长治市与晋城市一带。潞州始建于北周宣政元年（578 年），都府位于现山西省长治市襄垣县；公元 581 年，隋文帝将潞州迁至长治县北旧壶关；唐朝时期，潞州重归长治县；同年，隋文帝又设置了泽州，都府位于今山西省晋城市东北部地区，唐朝时期迁到今晋城市内。此后，潞州府与泽州府合并，都所位于今长治县。明朝时期，潞州地域级别升至潞安府；清朝时期，泽州升泽州府，二者合并称为"泽潞双镇"。由此看来，泽潞地区是我国自古以来依据地理位置以及行政区域范围所划分，具有悠久的历史传统。因此，潞绸的起源地、产地及发展地均位于晋东南地区。

明清时期，晋商蓬勃发展，泽潞地区的商人是晋商发展的主要组成部分，因他们的经商发家地在泽潞地区而被称为泽潞商人。随着晋商的不断发展，泽潞商人将山西本土的传统手工艺品，如铁器、丝麻、酒类等销售至海内外，这些手工艺品也同潞绸一样，因为产地的原因被称作潞麻、潞酒、潞铁等。泽潞商人为泽潞地区的商品外销做出了重要的贡献，极大地推进了晋东南地区经济的发展，也将山西的传统文化传播到了世界各地。如今不仅在山西，在河南、北京等地也可以看到保留下来的泽潞会馆。

根据各地的编年史、地方志等史料文献的记载，潞绸的主要产地为长治和高平，而长治所产丝绸占皇室贡品丝绸总数的一半以上。这与长治作为明清时期潞州府的都府有着密切关系。长治作为一座古城有着几千年历史，拥有独特的历史文化底蕴。山西丝绸纺织业在这里经历了起源、发展与辉煌。在公元 16 世纪中叶和 17 世纪初，明朝万历年间，泽潞地区一度发展成为中国北方最大的丝绸织造中心。明朝中叶，泽潞地区的丝绸织造业发展到了炉火纯青的地步，达到中国古代丝织业的先进水平。在明朝的皇室贡品中，除江苏、浙江等南方的丝绸贡品外，泽潞地区每年向朝廷进贡 5000~10000 匹潞绸。潞绸更是达到了"士庶皆得为衣"的程度。泽潞地区生产的丝绸手感细腻，富丽华美，因其独具匠心的技术工艺和规模性的生产而有"潞绸遍宇内"的美称。图 1-1 是制作精美的潞绸。潞绸作为中国四大绸之一，深受人们的喜爱。

图 1-1　制作精美的潞绸

1.1　潞绸名称的由来

丝绸的"绸"在古代被写作"紬"，即为现在所理解的抽的含义，意喻丝经过抽引形成丝线。在古代纺织科技发展初期，织丝制线的技术水平有限，最初的"绸"仅仅是丝抽引后形成的较粗的丝线，然后织造成织物。随着历史与文明的不断发展，丝织技术也随着生活、社会等的需求进一步提高。明清时期，社会科技文化空前发展，这时"绸"的范围也随之发生了翻天覆地的变化，具有平纹、斜纹等的织物统称为"绸"。到清朝时期，"绸"正式更名为丝绸。明清时期，我国较著名的丝绸有四大类，分别为山西潞绸，广东瓯绸，山东英绸，江苏宁绸，可见山西潞绸在中国古代丝绸史上的辉煌与其在丝绸中的重要地位。在后来的丝绸研究中，人们又将中国丝绸产地分成四大区域，因山西潞绸是北方丝绸中的佼佼者而使山西成为北方的丝织中心。在丝织物的研究中，丝绸可以根据织物的颜色、纹样、织造技术、组织结构、织物的产地和用途来命名。显然，潞绸就是典型的以产地命名的丝绸。

潞绸名称最初的由来，民间传说与唐明皇李隆基有着密不可分的联系。公元 708 年，李隆基是皇子时曾在潞州地区任职，当时潞州的中心即现今的高平市，也是潞绸的产地中心，李隆基任职期间对潞州的丝绸颇为赞誉。在他继承皇位后，再次出巡潞州地区，潞州将本地的丝绸进贡给李隆基，他非常高兴，此后，潞州地区出产的丝绸就成为皇室贡品，并被李隆基赐名为潞绸。这样来讲，潞绸最初的起源就可以追溯到唐朝时期，但是无从考证。明清时期，泽潞地区的《泽州府志》《潞安府志》等地方文献中也未曾著明潞绸究竟起源何时。在明清潞绸发展的辉煌时期，潞安府也同潞绸一起名扬天下。

综合上面的历史渊源研究分析，可以得到有关潞绸的三个信息。第一，潞绸的生产起源可以追溯至中国古代丝绸史的发展。我国自黄帝时期就有嫘祖缫丝养蚕的传说，丝绸是我国古代重要的创造发明，是中华文明的符号，潞绸的发展是根植于中华五千年文明的历史文化底蕴，是自古以来的传统文化科技。第二，潞绸是以产地命名，且潞绸的命名也表明了我国古代社会经济和政治发展的关联性，潞绸的命名是以古代的行政区域划分的，"潞"字取自潞安府，原则上潞安府在行政区域划分级别上高于泽州府，潞安府是当时北方政治经济发展的中心之一，不仅拥有潞绸这样精美的丝织物，还拥有当时同样名扬天下的潞铁、潞酒等，是全面的工业、商业基地。第三，潞绸作为皇室贡品具有悠久的历史，拥有大量的史料文献及出土文物佐证，后世也有将潞绸的概念局限于明代时期由泽潞地区生产的以平纹、斜纹等基本组织为基础的提花织物，用于皇室贡品被达官贵人视作一种身份与尊贵的象征。潞绸起源于山西大河流域，背靠大河文明的潞绸文化，作为皇室贡品，可以说明它的价值，也代表了当时山西乃至整个北方纺织业的最高发展水平。沐浴着我国悠久的农桑文明，潞绸是泽潞地区人民辛勤的劳动智慧与生活艺术创造的结晶。归根结底，潞绸已不是简单的一匹布，一缎绸，而是山西泽潞地区地域文化、历史发展、社会文明相互促进的综合表现。

1.2 潞绸的兴衰历史

潞绸的发展一路跟随着中国北方丝绸业的脚步。作为纺织技术的最高体现，潞绸的发展也是山西丝织业发展的缩影。潞绸的发展历史可分为潞绸的诞生、发展、鼎盛、衰败、重新发展和发展的新时期等不同的阶段。

1.2.1　潞绸的诞生时期

潞绸的诞生可以追溯到隋唐宋元时期。我国古代劳动人民一贯遵循男耕女织的生活传统。农业与桑蚕业贯穿了人们生活的吃穿住行等必要阶段，且农业与桑蚕业自始至终都有着不可分割的关系。泽潞地区的人民同样遵守着男耕女织的生活传统，大量种桑养蚕，丝麻织造的衣物一直是山西人民的主要衣着来源，直到清朝时期，棉布织物才逐渐流行。泽潞地区天然的自然条件与地理位置，也为人们从事农桑业提供了绝佳的自然条件，《隋书地理志》中也记载了泽潞地区优越的自然条件。山西桑蚕业的发展，可以从古代诗人的诗词、寺庙壁画、石碑刻迹中找到曾经的发展痕迹，如李贺的诗词，开化寺壁画等。桑蚕业的发展也促成了潞绸的萌芽与诞生，潞绸至此融入古丝绸文明的长河中。

1.2.2　潞绸的鼎盛时期

潞绸发展的鼎盛时期是明清时期。潞绸的发展是社会、政治、文化共同影响的产物。明清时期，封建社会的政治经济政策、社会制度、文化发展都已趋于成熟。明朝统治者在农桑政策上采取鼓励发展的措施，大力扶持丝织业的进步与发展。同时，潞绸跟随丝织业的发展，从织造精度到商品行销上都有了巨大的提升。潞绸自唐朝就已是皇室贡品，明清时期更是达官贵人高贵身份的象征。图 1-2 为明朝皇帝

图 1-2　明朝皇帝潞绸朝服

的潞绸朝服。晋商的蓬勃发展，也将潞绸的发展推向鼎盛。作为泽潞地区主要的输出产品，晋商将潞绸行销至大江南北。明末清初时期，由于政权变换、时局动荡，潞绸的发展也相应受到影响。清朝政治稳定时期，同明朝时期一样有着积极的农桑政策，潞绸业同丝织业又呈现出一幅繁荣景象。在史

料中也有潞绸鼎盛时期的记载，清朝《高平县志》中写道："十年一派，造绸四千九百七十疋，分为三运，九年解完。"这段话足以证明潞绸的辉煌。

1.2.3　潞绸的衰败时期

清朝中后期正是封建社会的末期，在内忧外患的社会背景下，潞绸逐渐走向了衰败。虽然潞绸在清朝时依然是皇室贡品，但是受到清末战乱的影响，泽潞地区的丝织业遭受了毁灭性的打击，织机被破坏，织工流离失所。在政治上的腐败、苛捐杂税的压力下，潞绸逐渐衰败。虽然后来又有重启潞绸织造上贡的措施，但是潞安府此时已无力支撑庞大的丝织产业，潞绸已是强弩之末。到清朝末期，张之洞上奏请停潞绸织造，潞绸最终退出历史舞台。

1.2.4　潞绸重新发展时期

清朝末期，潞绸结束了皇室贡品的辉煌时代，渐渐淡出了人们的视野，但潞绸传统的生产技艺一直保留在泽潞地区劳动人民的手中，宝贵的传统织造技艺得以流传。虽然不再织造富丽华美的贡品织物，潞绸传统织造技艺仍在普通人民的生产生活中继续发挥着作用。

在抗日战争前，社会经历了巨大的变革，泽潞地区丝织业在夹缝中缓慢地重新发展。据不完全统计，晋城地区在抗日战争前仅剩几百台织机器械，而主要生产的商品主要为贴身内衣、手帕、头巾等小规格织物。抗日战争时期，山西的丝织业发展受到冲击。这一时期，山西丝织业的产品主要集中于丝线、普通组织织物等，用于支援抗战制作军事用品如手榴弹引线和炸药包等，还有一些用于生产民用毛巾被服等。在国民党时期，也采取了积极的政策来支持丝织业的发展，为潞绸重新发展恢复提供了一定的基础。

中华人民共和国成立后，山西的丝织业迎来了新的发展时期，潞绸在相对平稳的社会环境中进一步恢复发展。这一时期，潞绸生产织造集中于私人手工模式，大部分为私人手工丝织坊，缺乏织造规模与统一的生产织造质量。从 20 世纪 50 年代开始，国家逐渐将私人织造集中起来，建立丝织联合机构，为 60 年代建立更为完善的丝织工厂提供了技术和人员基础。

1960 年开始，山西的丝织业经历了人员的整合与设备的归总，建立了众多缫丝厂和丝织厂。山西高平丝织厂正式成立，并被设为我国第二个五年计划重点项目的开展企业。高平丝织厂依靠自古以来丝织中心的基础技术优势，规模不断扩大。同期，机器行业渗透入丝织业。随着社会经济与科学技术的发展，在绝对的效益优势下，传统手工织机被淘汰。随后，机器织机完全取代了传统木质手工织机，其中最具代表性的为山西经纬机械厂 K251 型织机。织物类型以真丝被面为主，织锦题材多以名人字画为主。这一时期最具代表性的作品为潞绸织锦《毛主席去安源》。这是高平丝织厂在 1969 年织造的潞绸织锦，织幅巨大，织锦幅宽 1.5m，幅长 2.3m，织物结构复杂，织工精美。这幅作品也体现了机器与传统织造技术的完美结合。

1.2.5　潞绸发展的新时期

改革开放以后，山西的丝织业迎来了发展的新时期。政策上的扶持与良好的贸易环境，山西省内先后成立 17 家丝绸企业，规模最大的高平丝织厂经过合并重组，成立了山西吉利尔潞绸集团。作为山西纺织业的传承者，吉利尔承担起了新时期潞绸发展、保护、传承振兴的重任，将富有地方特色的文化融入潞绸中，开发具有山西地方特色的丝织物，主要产品有家纺用品、真丝服装等，题材偏向于体现泽潞地区的风土人情和中华传统文化。最具代表性的产品是潞绸被。

2014 年 12 月，高平潞绸被织造技艺成功入选第四批国家级非物质文化遗产名录。潞绸被也成为"国宝级"的真丝婚被。随着 21 世纪"一带一路"倡议的指引，潞绸也成为中国丝织品出口的代表，赢得了国外消费者的称赞。潞绸在新时期逐渐从传统纺织行业中寻求到了一条富有活力与生机的发展道路。

1.3　潞绸的贸易状况

潞绸因产于古潞州而得名，盛于明而衰于清，主要产自山西泽潞地区。泽即泽州（今山西晋城），潞即潞州（今山西长治），泽潞地区曾是中国北方地区最大的织造中心，潞绸作为当地著名的丝织品，既上贡天子又远销海外，更深受富贵人家的喜爱，可谓盛极一时。潞绸象征着明清时期中国北方乃至全国纺织技术的较高水平，反映出明清时期的政治背景和经济发展。

1.3.1　泽潞地区发展潞绸业的主客观因素

（1）地理位置的影响

万历《潞安府志》载"潞以水名，其称上党，谓居太行之巅，地形最高，与天为党也"。一方面，泽潞地区的自然地理环境有利于植桑养蚕，于是发展起以潞绸业为代表的纺织手工业；另一方面，"……上党山川峻险，地里辽旷。盘踞太行之上，为天下之脊……屹然为京师屏蔽，益古今要害。中原必争之地也。"泽潞地区险要的地势在和平时期成为劣势，因为山高且多，土地贫瘠，可耕种的农田十分有限，人口众多，面临着巨大的生存压力，尽管传统社会重农轻商，大批无地可耕的泽潞人还是走上了以商谋生的道路，而潞绸贸易就是当地发展商业的重要项目之一。

（2）交通运输的影响

明朝初年，随着社会经济的恢复和发展，山西商人利用大小官道和交通重镇的地理之便，加上明政府九城边防"开中制"的政策影响，逐渐在全国的商业活动中占据了一席之地。山西商人通过向北部边关要塞运送粮食换取盐引，凭借盐引支取食盐转卖获取利润。潞商就此兴起，专门从事商品买卖和长途贩运，十分有利于泽潞地区与外界进行经济交流，为潞绸的运输和传播提供了极大的便利。基于这样的环境，泽潞地区的人民从事潞绸业等手工业生产，客观上促进了泽潞地区的商品经济的发展。商品流通量扩大、营销范围拓展，为潞绸提供了广阔的市场空间；社会生产力的发展使人民的生活水平逐渐提高，为潞绸提供了较大的市场需求；驿站等交通网络的形成为潞绸的长途贩运提供了良好的运输环境；全国商品经济快速发展的良好形势，又为潞绸的贸易发展提供了良好的商业环境。泽潞地区逐渐成为中国北方的丝织业中心。

（3）政治环境的影响

《明史》记载："一条鞭法者，总括一州县之赋役，量地计丁，丁粮毕输于官。一岁之役，官为佥派。力差，则计其工食之费，量为增减；银差，则计其交纳之费，加以增耗。凡额办、派办、京库岁需与存留、供亿诸费，以及土贡方物，悉并为一条，皆计亩征银，折办于官，故谓之条鞭。立法颇为简便。"明代中后期，首辅张居正"一条鞭法"的推行，使得农民拥有了更大的自主权，得以转向从事潞绸等手工制品的生产和运销，极大地刺激了潞绸的生产和销售，潞绸开始畅销全国、享誉天下。

在此阶段，潞绸生产贸易表现出两个明显的趋势：一是官营手工业的逐渐萎缩，工匠不再与其具有紧密的依附关系；二是民营手工业的规模不断扩大，民间出产的丝绸在总产量中所占的比率越来越大。在这样的背景下，潞州机户以家庭小作坊的形式织造，劳动时间更加自由，完成指派任务之余，也可自行在家织造潞绸，潞绸便从皇宫内院一步步走入民间。随着商品经济的空前繁荣，潞绸业也发展至鼎盛。

到明朝后期，朝中政治腐败，横征暴敛，添织渐多，机户深受其害。清代更甚，乾隆《长治县志》卷七载："织造者，一岁之中，殆无处日，虽各请发价，而催绸有费，纳绸有费，所得些须尽入狡役，积书之腹化为乌有矣。机户终岁勤苦，夜以继日，妇子供坐，俱置勿论，若线若色尽取囊中，日赔月累，其何能继……。"机户织造入不敷出，加上丝价上涨、气候转冷等原因，最终在光绪六年被张之洞请停。从此潞绸生产走向衰亡，市面上流通的潞绸也逐渐减少。

1.3.2　明清潞绸贸易场所和组织

(1) 市镇和庙会成为潞绸流通的集散市场

明清时期，市镇经济发展迅猛，山西的市镇因交通要道、资源优势和商业贸易快速崛起，市镇日渐繁荣，商镇日益增多。泽潞地区的商品经济发展和潞商形成兴盛，对市镇经济的带动作用非常明显。以长子县为例，其毗邻长治、高平两县，或逢双为集，或逢单为集，或逢三、六、九为集，或逢一、四、七为集，众多的集镇活动非常有利于商品的快速流通，为泽潞地区的潞绸贸易提供了极大的便利条件。据《清嘉庆重修一统志》记载，潞安府有 40 个市镇，泽州府有 26 个市镇，市镇交易频繁密集数山西之最，可见当地商品流通的频繁，也间接反映了潞绸贸易的繁荣程度。

明代以来，庙会人群聚集时多有商业活动，庙会也成为潞绸贸易的重要场所。随着泽潞地区经济的发展，市场空间逐渐扩大，市镇集会、庙会贸易逐渐演变，形成市镇集群带。清光绪年间，长治碑记有载："迄今十余年间，市价无伪，童叟莫欺；客来云集，货积山堆；闲人归市，村无游民；隙地植麻，野无旷土。"泽潞地区的市镇集会和庙会结合在一起，构成了具有区域性商品经济特征的流通集散市场，有力地促进了泽潞地区商品经济的发展，是在当地和省内较小范围进行潞绸贸易的主要形式。

（2）商业会馆是重要助力

明清时，上党地区商贾云集，泽潞地区成为中国北方最大的丝织中心之一。随着商品经济的不断发展，商业竞争日趋激烈，泽潞商帮和商业组织逐渐形成并扩大，随之商业会馆这一民间自发性的商人组织应运而生。

会馆是商人联谊聚会、议事通信、维护利益、拜神祭祖、节庆娱乐、施善行义的处所。泽潞商人非常崇拜"关公"（关羽），关羽作为笃信忠义的象征，成为山西商人的精神偶像。在会馆中供奉关公，体现其义利相通的从商原则，对提高商业形象和长远竞争力尤为重要。明清时期的泽潞商业会馆在团结泽潞商人、巩固商业阵地、实现行业垄断等方面曾发挥了重要作用。

泽潞商会大量分布在泽潞商人经营活动较密集的区域。在泽潞地区主要分布在商业比较发达的商镇，而在泽潞地区以外，河南社旗、开封、洛阳和山东聊城等地都有山陕会馆，北京有潞安会馆、潞郡会馆，江苏有金陵晋商总会等。东起江浙，西至新疆，北自奉天（今沈阳），南到两广，中大型城镇中皆有山西商人的会馆。有记载："京师大贾多晋人。"北京既与山西相邻，也是明清时期全国的政治经济文化中心，是山西商人最重要的活动地区，建立的商业会馆也是最多的。

据清乾隆二十四年洛阳潞泽会馆《修建关帝庙潞泽众商布施碑记》记载，参与捐资的商号中，绸布商共计八十有四，超过总人数的三分之一，共捐银三万三千余两，超过总数额的百分之九十。可见潞绸业在当时的商业会馆中具有举足轻重的地位，同样泽潞商人的会馆对潞绸的流通销售也起到了非常积极的推动作用。

1.3.3 明清潞绸贸易流通路线

（1）河东盐道

凭借明初"开中制"的政治优势，山西商人迅速垄断了两淮的盐引。

据《长芦盐法志》记载："明初，分商之纲领者五：曰浙直之纲，曰宣大之纲，曰潞州之纲，曰平阳之纲，曰蒲州之纲。"可知潞盐商在其中占有一定比例，盐业进一步加深了泽潞地区与河南、山东乃至天津的经济贸易关系，周边辐射范围扩大，逐渐形成了晋东南经济圈。潞商打通的运输道路推动了潞绸在山西及周边地区的流通和销售。

(2) 人口迁徙路线

明清时期山西曾经有几次大的移民活动，《明太祖实录》记载："迁山西泽潞二州民之无田者，往彰德、真定、临清、归德、太康诸处闲旷之地，令自便置屯耕种。免赋役三年，仍户给钞二十锭，以备农具。"泽潞地区的人民大多移往河南、河北、山东等地广人稀的地方。泽潞地区的人民迁徙时，也将诸如潞绸之类的当地产品带往移居之地，扩大了潞绸的流通范围，促进了潞绸业的发展。

明朝中期，泽潞地区的桑蚕业遭到极大破坏，到清乾隆年间，人地矛盾更加尖锐。迫于生活压力，人们选择走西口，在我国东北、西北和蒙古等地开展商业贸易，潞绸也随之流通至中国北方的大部分地区。山西人从山西中部和北部出发，一条路向西即走西口，经杀虎口出关，进入蒙古草原；另一条路向东即走东口，过大同经张家口出关，最终进入恰克图（今属俄罗斯）。西口杀虎口是明代的长城要塞和西北的通商枢纽，也是通往蒙古、俄罗斯的重要商道，大规模的人口迁移加强了文化传播和商品流通，使潞绸贸易范围进一步扩大。

(3) 丝绸之路

明清两代北京作为全国的政治中心，外来的使节、商旅、僧人沿丝绸之路进入长安后继续东行，过黄河北上，经临汾、太原，东转越过太行山，经河北定州至京师。这一段路途成为丝绸之路的东延段，有诸多城镇进行国际贸易。山西地处汉族与少数民族交汇融合的中间地带，既有中原农耕生产方式，也有北方游牧生产方式，山西商队成为丝路上的重要力量。山西商人的驼道从山西到西北，经河西走廊到西域，与古丝绸之路汇合，传播东西方文化，流通各地的物资，潞绸也沿着陆上丝绸之路进入我国新疆以及中亚和欧洲市场。

明清时期，陆上丝绸之路已经开始衰落，但随着造船和航海技术的发展，海上丝绸之路达到极盛时期，航线遍布全球。泉州、广州、宁波、扬州、蓬莱、刘家港等都是海上丝绸之路的重要起点，海禁之后，广州商港尤其繁荣，逐渐形成了空前的全球性大循环贸易。明代有记载："崇祯壬午冬，有贾舶私贩日本，携人参值十万……其贾多晋人。"或合法外贸，或商民走私，海上丝绸之路的繁盛使得潞绸更加广泛地参与到国际贸易之中。

（4）万里茶道

除了人们熟知的丝之路，还有一条连接欧亚大陆、进行中外经贸的重要通道，便是山西商人开拓于明清的万里茶道。万里茶道也称中俄茶叶之路，以输出茶叶为主，其路线纵横交错，南至我国福建、广东一带，北到蒙古和俄罗斯，途经235个城镇，总长1.3万余公里。

在万里茶道的推动下，河南赊店（今社旗县）成为晋商茶帮的水陆运转枢纽，从赊店接到货物后，北上的茶商先抵洛阳，再过黄河，进入太行山区，途经山西的晋城、晋中、太原，然后北上到达张家口或杀虎口。多年来，中国与俄罗斯互通物资途经泽潞地区，极大地带动了泽潞地区的商贸活动。可以想见，万里茶道必然加强了泽潞地区潞绸的经济运作，不仅使其远销江南、京津等地，甚至出口到了日本、中亚、地中海东部沿海的欧洲国家。

泽潞地区的地理位置和交通网络，明清政府的多项政治决策，小到市镇、庙会，大到各地商会、万里茶道，都对潞绸业的兴盛繁荣起到了非常积极的作用。潞绸的贸易发展和当时潞商的崛起衰落也是一致的，在明朝中后期达到顶峰，在清朝潞绸生产走向衰亡时，泽潞商人的地位也逐渐被晋中的票商所取代。

研究明清时期山西潞绸的贸易状况，除了能够让人们了解潞绸的历史发展，也是对明清山西泽潞地区乃至全国社会经济大环境的反映，对潞绸当代的发展具有非常重要的借鉴意义。

1.4　潞绸的数字化保护与传承途径

潞绸是山西地区具有代表性的织绣染技艺，承载着山西潞泽地区悠久的纺织技术，因此，潞绸的传承与发展不仅是对区域手工艺的探索与保留，更重要的是非物质文化遗产的传承。潞绸的传承与发展既是丰富我国传统民间工艺的重要组成部分，也是记录不同地域社会发展特点、民风民俗等的重要方式。这种传统手工艺经过言传身教，"师傅带徒弟"的古老方式一代代延续传承下来。但是伴随着时间的流逝，民间传统工艺匠人的老去，这种曾经辉煌灿烂的古老纺织技术面临着灭绝的困境。

山西一些纺织企业、轻工业以及文化部门，对潞绸的历史、工艺、图案、织绣等做了一些研究工作，在潞绸的保护和传承中做出了一定的贡献。中华人民共和国成立以后，山西丝绸业得到了恢复和发展。20 世纪 50 年代中期开始，各级政府大力扶持桑蚕丝绸事业，并成立了南王庄丝绸合作社。60 年代初期，在合作社的基础上兴建了"高平丝织印染厂"（即现在的"山西吉利尔潞绸集团"），该厂一直致力于潞绸的开发，努力推广潞绸产品，传承潞绸文化，振兴山西的丝绸行业。但是鉴于山西重工业的发展背景，潞绸产业在众多产业的夹隙下生存，处境艰难，前景堪忧。同时一些学者或者历史学者也对潞绸的历史或工艺进行了数字记录，朱江琳在《明清潞绸兴衰始末及其原因分析》一文中，对潞绸兴盛衰败的原因进行了简要分析；孙宏波的《潞商文化探究》及潞绸相关的论文，详细阐述了潞绸的发展过程和当时的社会经济状况；芦苇在《明清泽潞地区的丝织技术与社会》一文中，介绍了泽潞地区社会、文化的关系，重点研究了潞绸的生产技术。此外，一些论文或史书部分记载或分析了潞绸的染织、刺绣技术以及色彩、图案等的艺术特征。

现在潞绸的生产技艺逐步凋亡，关于潞绸文化的记载又相对散乱，所以，在科技发达的今天，对非物质文化遗产潞绸的保护需要借助高科技的手段辅助。而且在市场化背景下，潞绸传统工艺要生存发展，展现山西地方区域的特点，更面临着传承危机。采用数字化技术进行潞绸的传承，是实现民族丝绸文化传承模式的新举措。与传统传承模式相比，数字化传承为潞绸的保存提供了多样化方式，也为潞绸文化的传播提供了多元化平台，表现出更全面的传播效果；而且提高工艺传承和产品穿行的效率，更有利于传统工艺自身发展融入现代社会发展的潮流；同时也可以为潞绸的应用提供层出不穷的创新形式，扩大在新时代新生代受众中的影响力，使潞绸实现可持续发展。

1.4.1 潞绸文物的数字化复原

随着考古技术的进步，大量的潞绸文物得以重见于世，这些潞绸纺织品文物是分析古代纺织环境、纺织技术及纺织品与社会发展之间的关系的重要依据之一。目前，可以用现代数字化手段对已发掘的古代潞绸纺织品进行复原，主要对潞绸文物的形制信息和色彩信息进行数字化采集。

（1）形制信息数字化采集

出土的潞绸文物主要包含潞绸实物、潞绸古代织机和有关记载潞绸的书籍画卷这三类。文物的数字化研究核心是对文物数字化信息的转变与获取。一些平面文物，如古代书籍绘画作品、丝绸刺绣等，数字化信息采集的工作主要在二维的平面上进行。利用高清数字照相机对这些平面文物进行拍摄或扫描，获取文物平面的二维图像，之后应用计算机图像处理技术对二维图像进行分析与处理。从而保留潞绸的传统纹样设计以及图案，并从中分析所折射出的社会背景等。

对于一些立体的文物实物，如古代织机，数字化信息采集的工作主要在三维空间上进行，目前可采用三维扫描仪和多角度高清照片两种获取方式。虚拟复原与演变模拟技术是文物研究、修复、考古的辅助手段，从对古代文化的信息技术层面剖析。传统纺织器械的发展代表了当时山西的社会经济发展水平，潞绸的纺织机具则代表了山西的传统纺织技术。使用计算机辅助技术将古代织机进行三维建模，经过后期处理，可加工为不同精度，帮助人们进一步了解古代织机的演变及当时社会生产力的发展。图1-3为古代的潞绸织机。

图1-3　古代潞绸织机
（摄于吉利尔集团潞绸博物馆）

（2）色彩信息数字化采集

传统潞绸纺织品的图案和色彩在一定程度上表明，随着社会历史的发展，人们的思维方式和审美情趣也在不断变化。在明清潞绸鼎盛时，色彩已经十分丰富。图 1-4 为青黄相间的潞绸被面，图 1-5 为红色潞绸织锦缎。随着科技的进步，文物保护工作者开始把文物原生态保护作为重点，对传统文物的数字化保护理论与方法进行研究，以数字化的方式对文物的原真信息进行采集，建立资料数据库进行保存，并逐渐从二维平面展示向三维沉浸式展现发展，最大限度地保护文物中承载的历史文化文明。目前世界上的文物数字化保护方法主要利用高分辨率 RGB（红绿蓝）三通道 CCD（电荷耦合元件）数码相机设备对文物进行全方位摄影及摄像记录，进一步对颜色信息进行采集记录，随后利用计算机技术科学制定色卡，对数码相机以及显示设备在采集和再现色彩时进行特性化地校正，使采集和显示的潞绸文物的颜色更加真实还原。

 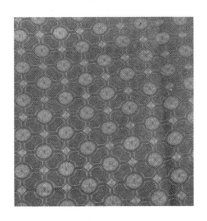

图 1-4　青黄相间的潞绸被面　　　　图 1-5　红色潞绸织锦缎

1.4.2　传统潞绸工艺的数字化模拟与再现

珍贵的民族手工技艺可以通过数字图像技术、虚拟现实技术或者互联网等，对其工艺的特点、制作技术、种类、发展等进行记录、编辑、管理和再现，使人们可以不受空间和时间的限制，通过网络或计算机清晰地、全方位参观和感受民族传统工艺，实现与观看实物相同或相近的感官体验。通过数字化途径可以模拟和再现潞绸工艺的过程，重点体现潞绸具有特色的织造工艺、染色工艺、刺绣工艺，以及色彩和纹样艺术，从而保存传统技艺的技术和技巧，保护具有地域特点的民族手工艺文化，同时体现古代黄河流域的纺织技术和社会文化。

数字记录方面，可对有关潞绸历史、潞绸色彩和图案、栽桑养蚕、缫丝等制造工艺的记录进行高清数字存档，制作潞绸收录数据库，以及一些面向不同层次读者的影印本、缩印本或者刻录本等。同时将一些工艺过程采用摄像机、照相机、录音机等数字设备，将制作过程以及工艺要点全过程记录下来，用记录的相关数据再现原始传统潞绸手工艺的风貌，如图案、色彩、文案、版式等，最终做成影像资料。这些数字化档案除了作为虚拟作品储存外，还可以利用各种媒体向大众展示传播。

数字管理方面，通过计算机网络系统建立山西潞绸艺术数据库，也就是应用网络、多媒体等数字化技术，把潞绸的艺术和工艺资料进行收集后建立数据库，资料包括文化底蕴、加工工艺、发展历史等，潞绸数据库有利于潞绸文化的管理和维护以及继承和发扬。

1.4.3　潞绸文化的数字化展示

数字化展示是扩大潞绸影响力的一种有效手段。利用数字化技术对潞绸进行展示，可以通过主页网站、微信微博等传统民间文化的多媒体虚拟场景、多媒体虚拟潞绸工艺流程的游戏体验方式实现。

(1) 设计潞绸主题资源网站

网站首页中主要有固定资源和动态资源两部分组成。固定资源主要介绍潞绸的历史、生产流程、艺术特征等；动态资源主要包括展示潞绸产品的设计开发等。通过主题网站，可以全面看到潞绸在山西的发展历程，了解潞绸的兴衰成败，同时也可以再现当时潞绸发展的时代背景和社会特点。通过主题网站，更重要的是看到织造潞绸这种民间传统手工艺的过程。应用数字化技术再现对潞绸原料的甄选，栽桑养蚕技术的独特性，直观展示山西潞绸与南方丝绸的差异。蚕茧、缫丝、络筒、织造、检验、分级、包装等潞绸产品的织造过程采用 Flash 等动态多媒体软件进行仿真模拟，使人们可以清晰了解丝绸产品的制作。除此之外，网站还要设立相关链接部分，如刺绣工艺、美术工艺以及其他丝绸品种介绍等网站信息，更加全面地展示丝绸文化。

（2）建立潞绸传统文化数据库

传统潞绸的原真性数字化保护主要表现在潞绸资料数据库的建立。随着计算机信息技术的高速发展，潞绸的数字化研究手段主要应用的技术有数字摄影、三维信息获取、虚拟现实、多媒体与宽带网络技术研究。数字化模拟技术可以再现潞绸工艺的全过程，并且对潞绸的织造、染色、刺绣等特色工艺进行详细记录；在色彩和纹样艺术方面，将有关潞绸的历史文化、图案色彩、栽桑养蚕、丝线生产及织造过程等一系列的工艺转化为高清数字数据进行存档，对与潞绸相关的文字、图像、声音、视频及三维数据信息提供数字化保存、组织存储与查询检索等手段，为潞绸的保护、开发、利用等服务。

潞绸数据库的建设内容框架如图 1-6 所示，潞绸数据库的建立是对潞绸文化的整合，从实际行动中推动了潞绸文化的继承和发扬。

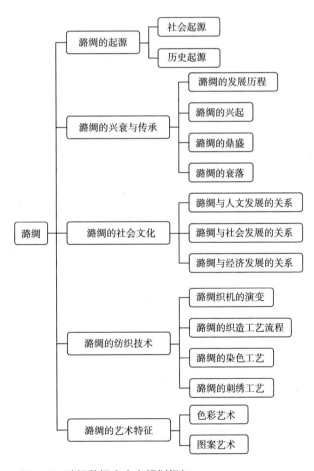

图 1-6　潞绸数据库内容规划框架

（3）建立潞绸数字博物馆

潞绸作为山西的传统纺织艺术品，代表的不仅是我国古代精湛的丝绸织造工艺，更是一种民族特色和地域文化的融合。它承载了山西黄河流域历久弥新的纺织技术与社会文化，是山西区域社会生活以及时代的缩影。而当代人民甚至山西本地居民对潞绸知之甚少。对于潞绸这种非物质文化遗产的保护与发展，潞绸的传播及弘扬已迫在眉睫。

数字博物馆是用虚拟现实技术营造而成的博物馆，观众在数字博物馆中，不仅具有临场感，还可以进行互动式的参与和操作。图 1-7 为未来的潞绸数字博物馆渲染图。随着虚拟现实技术和设备的发展和逐渐成熟，虚拟现实在博物馆展示方面得到了很大的应用，并体现了广阔的前景。作为一种新的展示和陈列手段，数字博物馆具有访问方便、形式新颖、效果突出等多种优势，将成为博物馆实现教育功能的有机组成部分。

图 1-7　未来的潞绸数字博物馆

在数字博物馆的实现中，涉及虚拟现实的很多技术点。包括：博物馆数字场景的建模技术，主要研究数据信息的获取，数字博物馆、展厅的设计和构建，以及将各种多媒体信息进行混合建模；还有多媒体信息的集成展示技术，支持在虚拟场景中观众互动参与过程中的信息集成展示，如相关的文字、图像、三维模型、视频等。

在数字博物馆中，观众可以获取潞绸数据库中的信息，包括潞绸的兴衰历史、织造技艺及过程、传统纹样图案等。通过 VR（虚拟现实）技术，观众还可以参与到种桑养蚕、缫丝织布、染色加工等工艺过程中，感受传统潞绸文化的魅力，还可以通过 3D（三维）场景感受明清时泽潞地区商贸发展的辉煌历史。

（4）数字博物馆手机版的开发

应用互联网技术，建设潞绸数字博物馆手机版，使潞绸文化进入"掌上时代"的公众教育。数字博物馆手机版的栏目包括虚拟展馆、文物鉴赏、研究论坛等内容，人们可以通过手机 QQ、微信、微博等平台，方便、快捷地浏览相关内容。

通过安全的数字化网络展示，让更多的专业人员或是爱好者跨越地域限制，在家中就能了解山西的潞绸文化，提高了研究效率，节约了成本，跨越了地域限制，扩大了潞绸的影响力。

1.4.4　采用多媒体推动潞绸在学校教育中的传承

中华民族优秀的传统技艺要繁衍生息，一代代传承下去，对后来者的教育培训是必不可少的。推动潞绸在学校教育的途径主要有以下方式。

邀请潞绸技艺传承人或代表人物、企业等到学校相关专业进行课堂讲学，介绍潞绸生产的工艺流程、艺术特色、图案配色原则等，揭示潞绸在山西的产生、发展、兴衰、传承等的历史原因，让学生明白山西非物质文化遗产的特色，同时也认识到潞绸文化的内在设计思想和艺术精神。潞绸的传承不仅仅是形式上的模仿，更重要的是传统技艺所体现的地区特色文化、民俗民风民生特点，使潞绸成为精神和文化艺术更高层次的传播载体。

通过数字化教授潞绸生产流程的模拟、潞绸产品的模拟设计等，使学生亲身体验潞绸的复杂生产过程，了解潞绸产品的织造工艺。采用这种方式，可以避免枯燥无味的讲学，极大地提高学习者的热情，在轻松的氛围中获取知识；同时，这种方式也可以使潞绸工艺的培训过程简化、成本降低、周期缩短、渠道拓宽。

1.4.5　将潞绸与文化旅游相结合

山西潞绸具有悠久的历史和深厚的文化底蕴，将潞绸文化与山西的文化旅游相结合，一方面发扬了潞绸文化，另一方面也可提高山西文化旅游的经济效益。

(1) 山西的文化旅游资源丰富

山西是中华民族的发祥地之一，历史悠久，人杰地灵，拥有丰厚的历史文化遗产，素有"中国古代文化博物馆"的美誉。山西的文物古迹遍及全省，丰富的旅游资源纵贯山西南北。其中，独特的人文景观有佛教圣地五台山，享誉中外的大同云冈石窟，北岳恒山悬空寺，应县木塔，道教的芮城永乐宫，武圣关羽关帝庙，世界文化遗产平遥古城，北方民居建筑乔家大院、王家大院等。山西以古建筑、彩塑、壁画为特色的文物古迹星罗棋布，以华夏祖根文化为特色的文化旅游资源丰富而深厚，以黄河、黄土文化为特色的民俗风情绚丽多彩。山西的文化旅游景观以它独有的魅力，吸引着众多的海内外游客，使山西的文化旅游产业具有十分广阔的前景和巨大的潜力。山西文化旅游业近年来得到了较快的发展。

当然，山西文化旅游产业还有待进一步完善，比如，旅游商品的文化底蕴欠缺、品种单一，纪念品严重缺乏实用性，导致旅游商品竞争力不足；另外，山西一些文化旅游尚需深挖文化底蕴，而过度的表面商业化会使其失去文化宣传力和旅游吸引力。

(2) 潞绸文化旅游

从旅游消费市场看，随着旅游市场的发展，人们的旅游经历日益丰富，游客对旅游的需求也越来越多元化，不再简单停留于走马观花式的参观游览，而是希望有深入的了解，获得更多的文化体验。潞绸文化具有悠久的历史和深厚的文化底蕴，将潞绸文化本身开发成一种文化旅游，是文化旅游市场的一个新方向，无论潞绸的地域文化历史、人文风情，还是潞绸产品的精美实用，都对游客有着极大的吸引力。

从潞绸消费市场看，潞绸具有优良的性能和高雅华丽的外观，因其产量有限更是"物以稀为贵"。随着人们生活水平的提高和环境意识的增强，衣着材料向天然纤维回归将成为必然趋势，茧丝绸行业绿色、低碳的发展理念以及潞绸制品天然、舒适的特征，也将进一步成为新型消费需求，潞绸产品的消费潜力巨大，发展潞绸文化旅游市场潜力巨力。

(3)　开发与潞绸历史、产品、机械相关的博物馆

博物馆形式可以很好地向游客展现潞绸的悠久历史、精美产品和生产机械等。潞绸文化博物馆可以成为展现中华民族丝绸文化和精湛技艺的一个窗口，也可以成为文化旅游的场所。同时，博物馆形式也可以对潞绸文化及其传统技艺进行有效的保护。

可以参考借鉴第一次工业革命时期（18 世纪 60 年代至 19 世纪 40 年代）曾是纺织生产大国—英国的做法，英国的纺织行业在工业革命时期曾是世界霸主，虽然昔日的风采现在早已褪去，但英国并没有将具有两百多年历史的纺织文化丢进垃圾堆，而是建立了工业博物馆（如位于曼彻斯特的科学与工业博物馆）、专业博物馆（如位于麦格斯菲尔德的丝绸博物馆，如图 1-8 所示）等，把纺织行业、当年工人们的生活、丝绸战争、厂房、机械和相关艺术品进行完整的保护和展现，并把博物馆作为世界人们了解英国纺织历史的窗口。

（a）纺丝机械展示　　　　　　　　　　　（b）丝绸产品展示

图 1-8　麦格斯菲尔德丝绸博物馆

具有两千多年的山西潞绸文化更应该建立博物馆，既可以对潞绸文化进行保护，又可以为山西的文化旅游注入新的血液。

(4)　潞绸工厂博物馆

将潞绸工厂开发成博物馆，成为潞绸文化博物馆的一部分。可以将处于正常生产状态的车间、工厂进行设备、工艺路线的梳理，做好生产过程的解说，并做好安全防范措施，向游客展现潞绸产品的加工过程，并在生产线的终端展示潞绸成品，接受游客购买。对于已经停产或废弃的潞绸车间，也可以开发成博物馆形式，设备可以作为专门的专业人员讲解工艺流程、演示操作用，甚至可以指导游客亲自操作，增加文化旅游的趣味性。

(5) 潞绸旅游纺织品

旅游商品是现代旅游体系中不可或缺的组成部分，作为提供旅游商品的旅游购物业是现代旅游产业链上的重要环节。大部分旅游者会购买旅游商品馈赠亲朋好友。从发展趋势看，旅游商品经营额在旅游总收入中呈现越来越高的比重，其生产与需求范围与规模呈现越来越大的发展态势。

潞绸纺织品（商品）是旅游商品的重要组成部分，其富有鲜明的地域特色和文化特征，潞绸纺织品在设计时要结合旅游地的人文景观和传统工艺特点。在全球旅游商品市场，旅游纺织品将传统地域文化和时代文化相结合，其所具有的文化底蕴被广大消费者所青睐。潞绸纺织品既蕴含了山西的地域文化特征，又极具美观、实用性。因此，将潞绸纺织品融入山西的文化旅游产业，可以丰富旅游地的区域文化底蕴，也可提高旅游地的商品经济效益。

将潞绸纺织品作为旅游商品，关键要提高潞绸纺织品的竞争力。潞绸纺织品具有明显的独特性和排他性，充分体现了商品所蕴含着的域际特色文化。另外，还需关注潞绸纺织品的美观和实用并重，纺织品的"美"常常是导致购买行为产生的直接因素，因此潞绸纺织产品的设计无论是从种类、工艺、档次，还是从造型、色彩、比例、内涵等方面，都应具有打动人心的形式美感。此外，还要迎合时尚潮流，体现当代人的精神生活和审美需求，尤其是要关注活泼好动、精力旺盛的年轻人，因为他们是旅游产品的服务和消费主体。消费者个性化的多样性需求也使得潞绸旅游纺织产品设计的审美始终处于一种动态的变化之中。

潞绸纺织产品拥有丰富的产品形式，如文化衫、围巾、包、头饰、手机套、装饰画、信插、靠垫、玩具、挂饰等，可以满足人们穿着、保暖、盛物等不同的实用功能。实用性虽然不是导致游客购买行为的主要动机，但是"一举两得"的功能优点满足了消费者"既好又美"的心理要求，容易促成购买行为的产生。

第 2 章

潞绸传统纺织技术

在早期各个学科、领域相互交织、互相渗透的时代，作为人类知识结构与文化体系的组成部分，科学技术与其他各学科领域关系紧密，不可分割，如艺术、宗教、文学、生活等。科学技术承载着艺术、来源于艺术、表达了艺术。换言之，科学技术是艺术的载体，艺术则是科技发展的原动力。潞绸是一种集科学技术与艺术文化于一身的地方丝织品，是泽潞地区人民历经数千年的继承与发扬后，对自然与生活的深刻诠释。

在成百上千年的继承与发展中，泽潞地区人民始终不忘取其精华，弃其糟粕，这才使潞绸在织造技艺与艺术风格上呈现出其独特的设计理念与艺术审美，技术风格也是独树一帜。从技术的角度来看，潞绸的织造技艺代表了泽潞地区经济、科技及社会发展的水平。潞绸的艺术风格完美地诠释了当地人民对自然和生活的美好向往。潞绸的主要特点是华丽而不张扬、通俗却不庸俗、庄严但不枯燥，体现了泽潞地区的生活气息、文化韵味，既有对生活环境的热爱与期许，又有对当下生活的满足与向往；技术与艺术相辅相成，共同诠释了潞绸独具匠心的魅力。

本章对潞绸的传统纺织技术进行分析，首先从技术层面研究宋元以来潞绸织机的演变，对传统潞绸的织造工艺流程进行了全面梳理。

2.1　潞绸传统织机的演变

中国古代纺织技术的从无到有，经历了千百年的发展历程。人们对纺织品的使用也逐渐从开始只为蔽体到寻求精神生活上的满足。丝织技术是我国纺织科技的最高代表。随着社会、科技、文明的不断进步，明清时期潞绸的丝织科技水平已相当发达。潞绸织机作为潞绸织造的基础也随着社会发展与技术的进步更新换代，体现了我国古代丝织技术的科技水平，潞绸织造完备的工艺流程更是科技与艺术的完美体现。

科技的不断进步与发展，推动了社会生产力的发展，社会生产工具也在不断进步和发展。生产工具的水平高低直接体现了当时社会生产力的发展水平。中国古代男耕女织，纺织机器是当时社会经济水平的重要佐证。泽潞地区经过唐宋时期的长足发展，明清时期已崭露头角，一度成为我国少有的丝织中心之一，此时潞绸织机已十分成熟，而潞绸织机与其他传统纺织机器一脉相承，也都经历了漫长的发展变革，与潞绸织造技艺的发展密不可分。

需求决定生产，生产工具体现生产力。随着潞绸越来越受到大众欢迎，日益增长的需求量对机户以及生产工具也提出了更高的要求，同时促进了潞绸织机的改革及织造技术的提高。为了提高潞绸生产效率，优化潞绸质量，在改善各织造工序和技术水平的同时，潞绸织机也完成了一次次蜕变，助力潞绸在时代经济发展的洪流中绵延传承、生生不息。

2.1.1　立机子

据史料考证，宋元时期，民间使用最广泛的纺织机械为立机子。由于现今留存可考的史料较少，只能通过文人作品以及各地各类壁画研究推测，如山西高平开化寺内的壁画《观织图》、薛景石的《梓人遗制》、敦煌莫高窟绘于五代的壁画《华严经变》以及明仇英著作《香宫图》等，都对立机子进行了细致的描绘。专家经多方推演知悉，立机子在魏晋时已经出现，宋元时得到大面积推广，明朝时仍在使用。图 2-1 为《梓人遗制》中描绘的立机子，图 2-2 为中国丝绸博物馆根据《梓人遗制》复原的立织机。

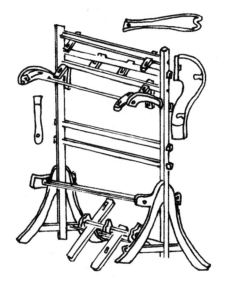

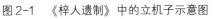

图 2-1　《梓人遗制》中的立机子示意图　　图 2-2　中国丝绸博物馆复原的立织机

立机子相比原始腰机，具有显著的优势，即综蹑织机所具备的解放生产力、提高生产效率等。但立机子也有一些缺点导致其不如斜织机应用广泛。如立机子的经轴位置较高，更换经线不方便，且立机子采用的是上下打纬的方式，容易导致纬密不均匀。作为单综双蹑织机的立机子，可以织造平纹，但由于不能增加综框，所以不能织造带有花纹的织物。泽潞地区唐朝时已发展成北方的丝织中心，而立机子能够被记载在宋朝的壁画中，说明当时已经使用广泛，故推断立机子是明清潞绸鼎盛前的主要织造机器。

2.1.2　小机与大机

明清时期，潞绸风靡一时，织机的主要机型是至今仍有流传的小机（也称腰机）。明朝宋应星曾在《天工开物》中记载，织造绢、绸及纱时，只用小机，而不用花机，可见当时小机应用之广。小机如图 2-3 所示，小机结构如图 2-4 所示。

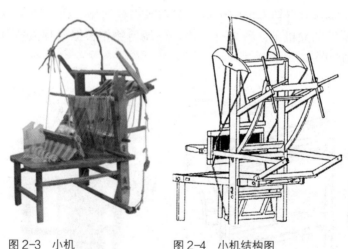

图 2-3　小机　　　　　　图 2-4　小机结构图

综蹑织机是由原始织机发展而来的，主要分为单综单蹑、单综双蹑、双综双蹑等，上文提到的立机子即简单的单综双蹑织机。根据织机经面的倾斜程度，也可分为水平织机、斜织机和立织机（立机子）。根据古代织机的划分，泽潞地区流传的小机的前身是明代腰机，也是斜织机中卧机的一种。小机主要用来织素绸，它也拥有综蹑织机解放生产力、大大提高生产效率的优点，且相对于双综双蹑等多臂织机来说更轻便易操作，占地面积也更小，更能满足人们生产和生活的需要，同时极大地促进了丝织业的发展，推进了潞绸的繁荣，据传当时甚至因此出现了弃农织绸的盛况。

大机是一种兴起于宋朝的双综双蹑水平织机（也称平板机），双综双蹑是指织机有两片综并分别由两块踏板控制，分为单动式（图 2-5）和互动式（图 2-6），明清时互动式逐渐占据主导地位并流传至今。在江南一带称为绢机，也可用来织棉布。

小机较适用于家庭手工业生产，大机则多用于大规模的作坊生产。随着商品经济的发展与繁荣，市场对机器效率及产品数量和风格特色提出了更高的要求，大机应运而生并迅速发展，不仅大大提高了生产效率，还丰富了产品的多样性。相比之下，小机所织的粗布和素绸仅能满足个人家庭使用，要扩充市场是远远不够的。

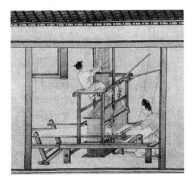

图 2-5　单动式双综双蹑机

图 2-6　互动式双综双蹑机

2.1.3　多综多蹑织机

随着以脚踏板控制综片这一优秀技术的发明，社会经济的发展也对踏板和综片的数量提出了更高的要求，综和蹑的数量越来越多，渐渐出现了多综多蹑织机；其中综蹑的数量对应，一个踏板对应一片综，可以织造复杂的组织纹路和花边，而综片和踏板数量的设定则取决于所织花纹的复杂程度。

得益于这一织机的出现，进一步增加了织物的样式，且已经可以织出各式花边和不同的品种，至此，各式各样的潞绸织物开始流传，丰富了人们的日常生活，也提高了精神层面的享受。除此之外，多综多蹑织机具有结构简单、品种适应性广泛、产量大等优点，明清时期，大规模的丝织作坊大都采用多综多蹑织机，织机的数量也成为衡量生产规模大小的依据。

多综多蹑织机虽然可以织造花纹，但不可避免地存在一些缺点。首先，由于多综多蹑的设计，相对其他简单织机，其占地面积较大，相应的生产成本也必然较高。其次，操作不方便导致劳动成本也较高，多数情况需多人共同织造，且织造效率较低。织造越繁复的花纹，其缺陷表现得越明显，对手工的操作要求也越高，织造难度也越大。故不适用于民间私人使用，没有得到大面积推广，织造花纹更多的还是使用提花织机。图 2-7 为多综多蹑织机结构示意图，也称为多臂织机，图 2-8 为泽潞地区现存的多综多蹑织机。

图 2-7　多综多蹑织机结构示意图　　图 2-8　泽潞地区现存的多综多蹑织机

2.1.4　花机

花机能够织造面积较大的花纹主要得益于机身上方的花楼，织造过程中需要两位织工共同操作，一位在花楼上挽花，另一位负责打纬。现代唯一保存完好的提花机是曾用于织造云锦的大花楼提花机。该提花机体型庞大，拥有 120 多个部件，而且可以用来织造各种图案丰富、色彩多样、组织繁杂的提花织物，达到了我国古代提花织机技术发展水平的最高峰，其织造水平独具魅力，令人叹为观止。图 2-9 为《梓人遗制》中华机子的结构图，图 2-10 为明代的提花机，也是织造潞绸的主要机型。

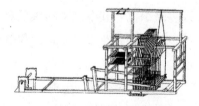

图 2-9　《梓人遗制》中的华机子
结构图

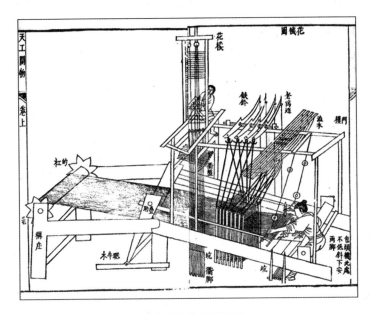

图 2-10　明代提花机（织造潞绸的主要机型）

2.2　潞绸传统织造工艺

潞绸作为一种传统的丝织品，其织造工艺流程包括最初的养蚕缫丝基本程序以及织丝成布重要工序，以下主要介绍织丝成布的主要步骤。

2.2.1　络丝

把缫成的丝络在丝籰上称为络丝，这一过程由络车和籰完成，络丝可以加快纺纱的速度，有利于其后牵经引纬的进行。

2.2.2　整经

整经，也称牵经，当地人大都称为轮经，是重要的准备工序。其目的是将织造用的丝线按照一定的排列顺序以及所需的幅宽平行排列在经轴上，以便后序工作的进行。整经可以分为经耙式和轴架式两种，经耙式整经出现较早，是主要的整经方式；轴架式出现较晚，如图 2-11 所示，最早见于宋朝。据史料考证，这两种工艺都曾用于潞绸的制作。

2.2.3 打纬

打纬，是指用纬车制作纬管的过程，当地人称为打纬。制作梭子中的纬管（也称纬筒），用来卷绕纬纱，以便后续穿梭打纬的顺利进行，如图 2-12 所示。彩色的纬纱需要先用扶摇机染色。

图 2-11 轴架式整经过程　图 2-12 打纬

2.2.4 穿经

穿经包括穿综丝和穿筘齿，当地人大多称为掏机。穿综和穿筘需要把纱线按照一定的规律先穿过综丝，再穿过钢筘，穿丝有不同的标准与要求，这主要取决于既定织物的组织纹路、图案花样以及织物所需的密度。越复杂的织物，穿经的工作量越大，耗时越久。

2.2.5 穿梭打纬

织工踩住踏板后，相应的综丝提起，造成开口，将纬纱引入梭口后，就可以拉动钢筘进行往复运动，这一过程会将纬纱打向织口与经纱紧密交织。

2.2.6 打码子

打码子也称作记号，用长木棍作为测定布匹长度的工具，木棍的长度即为一匹布的宽度。为了减少丝线磨损，木棍两端要用黑色胶布包裹。量好长度以后，进行标注。

2.2.7 接头

接头是指当正在使用的卷经轴上的经纱已全部织完时，需要把经轴上的纱线与一个新的经轴上的纱线连接，将纱线根根连接并且顺序不能错乱，只能手工操作，工作量非常大，非常考验耐心。这是织造过程的最后一步。

每一个步骤看似容易，实则环环相扣，对最终成品的质量都有着不可忽视的作用，每一步都凝结着手工艺人的汗水。随着科技的发展，织造技术和过程虽然也不断地发展进步，但都离不开传统手工艺人的辛苦付出。

第3章

潞绸的艺术特征

潞绸，是科学技术与艺术文化的高度融合，是朴素唯物主义向辩证唯物主义过渡的产物。随着科学技术的进步，人们对物质和精神文化也提出了新的需求，丝织品的主要功能早已不再是御寒保暖，而更在意其外观、内在、寓意及精神内涵。传统潞绸在数千年的传承与发展中逐渐拥有了别具一格的艺术文化魅力，在艺术特征方面，潞绸与其他品类丝绸殊途同归，都集中表现在色彩艺术与纹样艺术两方面。本章对潞绸的艺术风格进行研究，详细探究了潞绸的色彩艺术特征，深入分析并整理了潞绸纹样风格类型，探索其中所蕴含的民俗风情等人文社会信息。

3.1　潞绸色彩艺术特征

色彩具有强烈直接的视觉冲击效果，鲜艳明快的色彩让人身心愉悦，朴素庄重的色彩则显得优雅素净。传统的织物色彩不仅是表达个人主观的喜好，更重要的是为了承载封建社会制度。总体上，多种多样的正色和间色构成了丰富的潞绸传统色彩。而在特定时期和局部地区又会产生极具时代特色、地方特色的流行色。

3.1.1　潞绸的染色

色彩可以传递人们的感情和思想，潞绸的色彩也反映出了泽潞地区人民纯真质朴的性情。在古代没有如今这么多天然染料和合成染料，织物染色都是就地取材，用植物或矿物制作染色颜料，草木染是潞绸织物传统染色的主要方法。

草木染技术有着悠久的历史，到 20 世纪初开始逐渐消失。周朝时期曾设立官职"掌管草"，掌管草专门管理用于染色的草木，足见我国古代染色工艺技术高超。掌管草所管理的染色原料有草本植物，也有木本植物。由此可见，我国古代草木染技术千年前就已出现。泽潞地区作为黄河流域文明的发祥地之一，从黄帝嫘祖教化人们缫丝养蚕，便开始采用草木染工艺给织物上色。促成染色工艺发展的直接原因是人类需要在自然生产生活中寻求自我生存保护，而染色工艺也是人们为自己添加的后天保护色，因此人类对色彩的探索和追求最早来自天然植物。正如织物不仅要满足人们蔽体的需求，色彩也不只用于伪装。逐渐地，人们利用色彩的有无和不同来显示阶级地位，反映审美追求。为了满足人们对色彩的需求，越来越多的草木被发掘用以染色。

泽潞地区气候宜人，四季分明，有非常丰富的植物资源。草属中有：蓝、红蓝、茜草、苇、蒲、茅、荇藻、萍、梦、羊蹄蹰、苔、垂盆、木葱、马兰、扁竹、苜蓿、吉祥草、润草等；木属中有：松、榆、槐、杨、柳、椿、楸、桑、橡、皂荚、檀、椴、林、桦、柘等；果实有：杏、李、胡桃、花红、樱桃、葡萄、石榴、冬果、木瓜、硫黄、艾、蒲公英等。丰富的植物种类为织物染色提供了充足的原料，使草木染工艺染出的潞绸多姿多彩。在草木染工艺中，蓝、白、黑三色一直遵循传统的染色方法，得到了广泛传播，影响力较大，非常具有代表性。

随着国外染料的引入、化学染料的出现、印染机器的改进、印染技艺的进步，草木染工艺的使用日渐减少，而现代潞绸的色彩体系日渐丰富，随之而来的是泽潞地区人民的审美取向更加多样化，从前冷门的色彩也会被人们穿着使用。

3.1.2 潞绸的色彩特征

潞绸于明清时期发展至鼎盛，传统潞绸的色彩较多出现明清时期的流行色。《高平县志》中有记载："内天青三十疋，石青五十疋，沙蓝七十疋，月白二十疋，酱色三十疋，油绿四十疋，真紫十疋，黑色三十疋，红青三十疋，黄色十五疋，红色十五疋，绿色十五疋，秋色十疋，艾子色二十疋，共织四百疋。……大绸颜色，大红八疋，黄色十疋，金黄五疋，月白十五疋。小绸颜色，松花十疋，油绿二十疋，秋色二十四疋，天蓝二十疋，酱色四十疋。"从这段记载中可以得知，从规格上区分有大潞绸和小潞绸两种，不同规格的潞绸会染制不完全相同的颜色。除去赤、白、青、黑、黄这五种传统的正色，还有较多的青色系、紫色系、绿色系等冷色调，同时夹杂红红绿绿的喜庆之色。总体上，受明清宫廷主流审美的影响，潞绸主要以冷色调即明清流行色为主。

除受到流行审美的影响，潞绸的色彩也承载着大量的社会功能。潞绸的色彩可以表达人们对大自然的认识和领悟、主观的色彩偏好，并赋予色彩复杂的文化内涵。其中最具社会属性特征的莫过于在不同社会活动中的不同惯用色彩，在人们的生活中约定俗成，逐渐成为整个社会运用色彩的一致共识。如在喜庆的日子里，如婚姻嫁娶、婴儿新生等，便会大量使用红、黄、绿等鲜艳明快的色彩，尤其是红色，以示吉祥喜气。

潞绸产自泽潞地区，其色彩也兼具地方特色。从留存的潞绸实物来看，既有黑白的素色搭配，也有红蓝的鲜艳色对比，或简洁古朴，或明快亮丽，具有浓郁的北方地域风格。受地域影响的潞绸色彩主要有两种风格，黑白色和彩色，均与地方民风民情紧密相关。

(1) 黑白传统色彩

黑色和白色由来已久，是中国古代传统的两种色彩。白色是潞绸的本色，但由于北方的气候寒冷干燥，地处黄土高原，风沙较大，且白色易脏，在这样的环境中用白色潞绸更显苍白冷清，所以白色潞绸在当地居民的日常生活中使用不多。尽管如此，白色潞绸的织造量并不少，用白色潞绸制作的哈达大量销往西部地区，深受少数民族的喜爱。

相比之下，黑色潞绸更受泽潞人民的喜爱。这是受当地戏曲文化的影响，泽潞地区的曲艺中常用黑色水纱，黑色在戏曲中象征着刚直不阿、大义凛然，逐渐融入人们的现实生活。泽潞地区曾盛行乌绫，做成头帕，既可以做日常装饰和保暖，兼具美观性和功能性；也可以在丧葬等场合使用，作为礼仪之服。同时，黑色潞绸的大量使用也使黑色的染色工艺清晰完整地保留下来。作为经典的传统色彩，黑色的庄重、白色的圣洁，是其他色彩所不能及的。

(2) 彩色色彩

红色是在潞绸中除黑白外最多的颜色。首先，红色艳丽大方，代表着喜庆、热烈、欢快、愉悦，也反映出泽潞地区民风淳朴、热情大方。潞绸中的红色不局限于大红色，桃红色也深受泽潞地区年轻女子的喜爱，更显年轻活泼，常用于女子肚兜等内衣；深红色则常用于婚房的装饰。这些红色都适合用在婚嫁中，体现出热闹、愉快的氛围。

蓝色、红色与黄色作为三原色，在泽潞地区的使用也很广泛，作为平民百姓服饰的颜色，以深蓝色为主，老年人着深蓝色服装表示庄重、安详。

黄色与红色一样是亮丽的颜色，在潞绸织物上的使用多集中于刺绣，黄色与白色一样易脏，因此黄色潞绸较为少见。

绿色作为植物题材中最重要的颜色，在潞绸中的应用十分广泛，且以深绿色为主，表现出大自然的勃勃生机，表达了人们对自然的喜爱，也表现出人们对美好生活的向往。

棕色也称古铜色，是服装用潞绸的主要颜色，深色衣物一般为老年人穿着，宁静、稳重，也常用于鞋帽、经书封皮等，较耐脏。

潞绸的丰富色彩表现出潞绸高超的染色技术，体现了劳动人民的勤劳智慧以及丰富的审美情趣，更展现了潞绸的精美。

3.2　潞绸图案纹样特征

自唐宋以后，众多文人墨客对自然、社会和人物等的观察与描写精妙细致。同为视觉图像艺术形象的中国古代织物艺术也随之蓬勃发展。在创意无限的中国艺术家中，图案的来源包罗了生活中的方方面面，从简单的植物、动物到国家的壮丽山河，都是图案艺术创作的来源，还有人们对社会和生活场景的形象刻画，寓意美好的祝愿与祈福等。

潞绸的图案纹样丰富多彩，随着古代人民平安喜乐的社会意念而产生，因此潞绸就成为我国古代富有地方民族特色的织物艺术代表。潞绸织物的图案也是纺织科技发展的进步与历史传统艺术相结合的结果。

潞绸的图案纹样风格发展同潞绸本身一样，都是遵循中国大类丝绸的发展规律。潞绸独特的纹样艺术风格在潞绸辉煌时期的体现尤为明显。

明清时期，社会制度与生产生活方式相对成熟，人们的愿望从吃饱穿暖逐渐过渡到"长命百岁、福临满堂"等对未来生活的美好祈愿。

鼎盛时期，潞绸的题材正是迎合了人们这种美好夙愿，将不同素材如自然鸟兽、花草虫鱼、高山流水、人物戏曲等结合在一起，尽其所能来表达吉祥福瑞的内涵。潞绸的图案内容是人们真实生活的写照，也是人们内心深处的向往，是智慧与技术的完美结合。通过查阅大量的文献史料，可以将潞绸的图案艺术分为自然纹样和人文纹样两大类。

3.2.1 自然纹样

人生于自然，所创作的作品归根结底都是自然的产物，只不过人们将个人情感和创意灵感又融入自然之中。所以，潞绸的纹样题材首要的来源是人们赖以生存的自然环境。高山流水、花鸟虫鱼都是潞绸纹样题材的主要来源，体现出人们对自然的热爱和追求，也体现出对美好生活的向往与对自然的认知。表 3-1 为潞绸自然纹样的题材。

表 3-1　自然纹样

题材种类	题材代表
花草	玉兰、梅花、牡丹、芙蓉、莲花、海棠、菊花、山茶、萱草、牵牛花、兰花、灵芝、蔓草、桃花
果木	石榴、葫芦、桃、佛手、葡萄、荔枝、柑柿、瓜、松竹
飞禽走兽	喜鹊、鸳鸯、狮子、仙鹤、孔雀、凤、蝙蝠
鱼虫类	鲤鱼、鲶鱼、鳜鱼、蝴蝶、蜜蜂、螳螂
自然气象	云纹、水纹、雷纹、日月星辰、山纹

（1）植物题材

自然界中最直观、最吸引人的莫过于五彩斑斓、姿态各异的花卉，花卉也是潞绸纹样的重要来源。花卉给人的直观感觉是美好，将花卉用于丝绸纹样也表达出人们对美好生活的向往与憧憬，对美丽事物的认知与喜爱，对美的欣赏。从中也可以得出，丝绸纹样题材的选择往往首先遵从人的意愿和认知。对于植物而言，除了同花卉一样的观赏价值外，很多植物是人类在改造自然、创造生活中使用的必要工具，古代农耕社会的发展离不开对植物的研究与培育。中国古代植物纹样的来源已久，汉朝时人们就已将植物图案用于衣着。宋朝时期，植物题材的纹样大受欢迎，常见的有竹、莲等。宋末元初时，植物题材的纹样已经发展得十分完备，有各种各样的植物纹样，如芙蓉花、桃花、水仙花、松柏、浮萍等，都是劳动人民常见的植物种类，体现了人们多样的生活情趣。

潞绸发展鼎盛的明清时期，植物题材的纹样相较于宋朝更为完备，图案题材来源更加广泛。作为潞绸图案纹样的典型题材，植物纹样突出了潞绸独特的风格特色，其中人们较偏爱的植物题材有玉兰花、桃花、竹子、葫芦等。现存出土的古代潞绸实物中，织物题材不乏于此。其中的代表作有如今珍藏在故宫博物院的木红地折枝玉兰花纹潞绸、木红地桃寿纹潞绸、灰绿地平安万寿葫芦形灯笼潞绸等。

明代万历年间的木红地折枝玉兰花纹潞绸（图 3-1），幅长约 30 厘米，幅宽约 12 厘米，属于小型潞绸织锦，其主要是用来制作经书封面，织物组织采用右三枚斜纹组织，地经使用木红色加捻丝，地纬使用黄色无捻丝，最终呈现织物为纬六枚斜纹织物。这幅潞绸织锦织工精细，将玉兰的花苞和花叶刻画得栩栩如生。玉兰花自古就有美好吉祥之意，常与牡丹、海棠、菊花等同样具有美好寓意的花卉相搭配，表达出人们对美好幸福生活的向往和追求。

桃花也是植物题材纹样的重要组成部分。桃花象征着春天的到来，也是寓意寻找伴侣的吉祥题材，反映了人们对爱情的美好期盼。桃，也是我国古代神话故事中令人向往的题材，像神话故事中瑶池举行的蟠桃宴，宴请众仙品尝仙桃，仙桃可使人延年益寿，长命百岁。这虽是传说，但得以流传也说明了桃在人们心中的寓意和地位，即福寿安康、延年益寿。故宫博物院珍藏的木红地桃寿纹潞绸（图 3-2），是"桃"与"寿"字相结合的图案纹样，表达了人们对长命百岁的美好愿望。该作品为左向斜纹组织，地经采用木红色加捻丝，地纬采用绿色加捻丝，最终织物呈现为纬六枚斜纹织物，色彩艳丽，是潞绸织锦中的精品之作。

图 3-1　木红地折枝玉兰花纹　　图 3-2　木红地桃寿纹

竹子也是潞绸植物纹样中的主要题材，竹纹样拥有多种寓意。古时人们常用竹来向家人报平安，意喻平平安安。竹与松、梅并称"岁寒三友"，比喻人的品行高洁，品德美好。同时竹又与"祝"字谐音，也表达祝福祝贺之意。竹子上有竹节，纹样也寓意节节高升。

葫芦是人们生活中使用的重要工具，古人常用葫芦做水瓢，葫芦还可作为盛酒的容器，同时还用于制作葫芦丝等传统乐器。同桃一样，在古人的谐音文化中，葫芦谐音"福禄"，寓意福到禄来，表达了人们对美好生活的向往。明清时期，葫芦常与"寿"字、山脉纹样组合使用，是对长者"福如东海，寿比南山"的美好祝愿。图3-3为中国艺术博物馆珍藏的灰绿地平安万寿葫芦形灯笼潞绸，织物上有平安、万寿字样以及葫芦纹样，都是人们对美好未来的祈盼。

图3-3 灰绿地平安万寿葫芦形灯笼潞绸

石榴因其果实为红色颗粒，红色是代表喜庆的颜色，石榴多籽，寓意多子多福。石榴花也非常美丽，因此石榴在植物纹样题材中多是祝福新婚夫妇早生贵子，也表达了人们对新生命的期待。

自然界中的植物作为潞绸图案纹样的重要题材来源，往往是人们在生活中对自然的思考，体现了人们热爱生活，对未来幸福生活的美好祝愿和憧憬。

(2) 动物题材

自然界中不仅有静态的植物，同人类共同生活的动态生物也是人们细致观察的对象。自然界的动物有猪、牛、羊等为人们提供必要的生存食粮，也有人们用于观赏的鱼鸟宠物，还有人们敬而远之的老虎、蝙蝠等。这些动物与人类的生活息息相关，同时也成为人们织物图案纹样的重要题材。动物类的织物纹样主要有喜鹊、凤凰、老虎、鱼等。这些题材往往应用于正式场合，如鱼、老虎等均为固定官服补子纹样，象征着庄重威严；凤凰、喜鹊、孔雀等多用于新娘嫁服上，寓意女子与丈夫的新婚生活幸福美满。

同植物题材一样，潞绸图案纹样中的动物题材也是人们突出吉祥如意、健康祥瑞的重点。其中，较突出的便是喜鹊纹样（图3-4）。喜鹊出现在春天，是新生命到来的象征，喜鹊的到来就是喜气盈门的征兆，有新春报喜之意。同时喜鹊又在古代的神话传说中为牛郎织女七夕相见搭建起鹊桥，也是对美好爱情的寓意象征。其次，喜鹊的名字中有"喜"，是人们生活中对于喜庆事物的向往。还有"喜上眉梢"的喜鹊登梅纹样，多用于女子婚嫁时的嫁妆，突出了对新婚生活的向往与祝福。

图 3-4　明代青地梅鹊纹样

鱼类题材也是潞绸动物图案纹样中的重点，多以刺绣的形式出现在潞绸上。鱼，有年年有余的"余"的谐音，寓意丰收富足，财福满盈。鱼类在人类开发自然的初期，也被认为是一种象征着福气的图腾。鱼类题材还多用于泽潞地区女子婚嫁时的嫁妆，是对新婚夫妇未来生活的祝福，同时也表达了对新生命的渴望。在古代还流传着"鲤鱼跃龙门"的传说，象征着鱼

图 3-5　鱼莲娃娃纹样

跃龙门，也代表人们生活不断进步的愿望。鲤鱼题材往往与植物题材中的莲花、莲子相结合，图 3-5 所示为鱼莲娃娃纹样，人鱼娃娃周围环绕着莲花，代表了人们对新生命的渴望与喜爱。莲花与蝴蝶搭配，也是表达对男女爱情的祝福。

老虎作为山中之王，在人们的心目中是威严的象征。明朝官服制度发展

十分成熟，一品、二品武官的朝服补子为狮子纹样，三品、四品武官使用老虎纹样的补子（图3-6）。虎、豹等威猛的动物图案常用于威武勇猛及庄重的场合。虎，又有虎虎生威的意思，常用来描述孩童健康活泼，也是对孩童健康的祝愿与期盼。老虎图案纹样常用于孩童用品，如儿童鞋帽、玩具等，都是长辈对新生命的祝福。

图3-6 四品武官补子

孔雀拥有五彩炫目的羽毛，常用作女子服饰上的装饰，也是中国古代纹样中较为常见的类型。在明代官服中，孔雀图案纹样被用于三品文官的朝服补子（图3-7），寓意吉祥尊贵，也是人们较为青睐的动物纹样题材。在民间，孔雀作为美丽的禽类，也用来比拟美丽的女子，表达男子对年轻女子的爱慕之情。

图3-7 三品文官孔雀补子

蝴蝶，在古代有传说中比喻相互爱慕的男女，象征着纯洁、自由的爱情。潞绸中有蝴蝶与猫相搭配的猫蝶图（图3-8），与"耄耋"谐音，寓意健康长寿。

在潞绸图案纹样的题材中还有鹿、鹤等动物形象，常与松柏、灵芝等一起组合使用，象征着延年益寿、平安顺遂。鹿，与"禄"谐音，表达了人们对于高官厚禄的追求与向往。

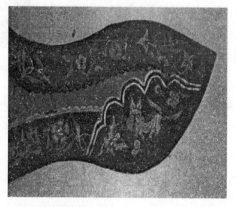

图3-8 猫蝶图纹样

综上，潞绸的动物题材纹样，除了传统纹样所表达的吉祥如意、延年益寿的寓意外，更多地体现了新婚喜庆、对新生命的渴望与祝福。在官服的使用上，动物题材纹样多体现正式场合的庄严和肃穆。

(3) 自然气象题材

在古代，风雨雷电、云卷云舒等自然景象也为图案纹样题材提供了丰富的资源。中华民族历史悠久，传统文化博大精深、源远流长，人们在寻求生存时，产生了向神明祈福的观念，这是人类对未来的一种心灵寄托。自然气象中的日月星辰、雷纹、水纹、云纹、山纹等自然纹样，都是日常较为常见的，表达了当时人们崇尚神明、祈盼幸福生活的美好愿望。

云作为人们心中高不可攀、高高在上的自然气象，被认为是天造的圣物，云连绵不断，是尊贵吉祥、高升的象征。云也是一种与古老农耕文化紧密相连的自然现象，为人们提供天气变化信息，这直接影响农民土地收成，是农耕文化中非常关键的元素。

云雷纹则是云纹加入折线的一种纹样演变，图案由圆弧形卷曲与方折的回旋线条相组合。云纹中只有圆弧线条，雷纹则是四四方方的折线条纹，二者统称云雷纹。云雷纹为打造云气的动势之美，线条蜿蜒光滑，展现出云的多种形态，寓意吉祥尊贵。也常与一些祥瑞图腾如麒麟等瑞兽等相结合，演变出各种庄严威武、形态各异的云纹。图 3-9 为祥云纹样潞绸。

图 3-9 祥云纹样

水纹（图 3-10）和云纹在形态上类似，都是具有圆滑曲线的纹样。水作为人类乃至整个自然的起源，是人类最重要的自然物质。因此，人们对于水的尊崇也是至高无上的，象征着步步高升与如意吉祥。水伴随人类社会的发展与进步，水纹样自然也贯穿了传统文化的发展历程，同时水也是人们最熟悉的自然资源，与人们的现实生活息息相关。

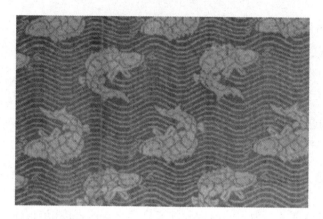

图 3-10　明代水纹

　　日月星辰图案纹样主要为统治阶层所用。日月星辰常伴随着光芒的照耀，象征着统治阶层至高无上的权力与皇室的荣耀威严及皇恩浩荡。太阳纹样为圆形，月亮图案纹样一般分为满月与月牙两种，并且日月纹样还常配有动物形态。有太阳与"三足乌"的搭配图案纹样（图 3-11），还有神话传说中的"玉兔"形象（图 3-12）。这些形象都是我国古代阴阳风水和神话传说的产物。星辰图案纹样常为三星相连，一般用于服装背面的装饰。

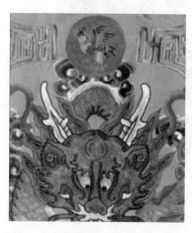

图 3-11　清代明黄缎刺绣太阳纹样　　图 3-12　清代明黄缎刺绣月亮纹样

山给人的形象是高山耸立、沉稳庄重，以此来显示统治阶级封建政权的稳固和强大，古时形容人有"稳如泰山"。图 3-13 为清代乾隆御制明黄色缎绣缉米珠云龙十二章纹夹龙袍上的山脉纹样。

图 3-13　清代龙袍山脉纹样

3.2.2　人文纹样

泽潞地区沐浴在黄河流域深厚的文化长河中，从社会、人，到人留下的器物都可以看到历史镌刻的痕迹。优秀的大河文明，也为泽潞地区留下了丰富的文化遗产。如泽潞地区自古至今流传下来的传统民风民俗、戏曲艺术、诗词艺术、民间故事、坊间杂谈等都是历史留给人们的宝贵财富，也为潞绸织物艺术的发展提供了丰富的素材。人们的精神意念随着创作的过程都表现在织物作品中，其中就包含吉祥追求、美好夙愿等丰富的人文关怀，人们在创作中把感情都体现在作品中。人文类题材也成为人们日常生活的重要体现。表 3-2 为潞绸人文纹样的题材。

表 3-2　人文纹样

题材种类	题材代表
传统器物	灯笼，八宝，玉磬，古钱，珊瑚，如意
几何文字	"卍"字纹，"回"字纹，菱形纹，方纹，龟甲，方胜，"福"字纹，"禄"字纹，"寿"字纹，"喜"字纹
人物	引子绵羊图，戏婴图，百子图

（1）传统器物题材

人们丰富多彩的精神生活也是潞绸纹样的重要来源，其中人们生产生活中所需的物件、工艺品等都被运用到潞绸的织造中，如灯笼、八宝、玉磬、古钱、珊瑚、如意等。

灯笼纹样与元宵节密不可分，以烘托热闹喜庆的节日氛围，灯与"登"谐音，和谷穗状流苏组合在一起，寓意"五谷丰登"。

八宝纹样（图3-14）简单讲就是八种宝物，在明清时期是颇受人们喜爱的小物件，由八种宝物组合在一起使用的纹样，也常用于丝织物。常见的八宝有佛八宝、道八宝和杂八宝三类。佛八宝中的八种吉祥物分别为法轮、法螺、宝伞、华盖、莲花、宝罐、双鱼、吉祥结，分别对应代表佛的八个部位，即手掌、颈纹、头、顶、舌头、颈、双眼、心。道八宝也称为暗八仙，明八仙为传说中的道家八仙，暗八仙则为八仙所持的八件法器，分别是团扇、宝剑、花篮、横笛、葫芦、鱼鼓、阴阳板、荷花，寓意喜庆吉祥、福乐长寿。杂八宝纹样的组合不固定，因此在织物中的运用最广泛。宝珠、金锭、银锭、方胜、玉磬、犀角、海螺、古钱、珊瑚、银锭、如意都是杂八宝中常见的图案。

图3-14　八宝纹样

玉磬本身作为乐器，谐音"庆"，寓意喜庆；古钱在古代常被用作驱魔辟邪的物件。珊瑚除作装饰品外，又常制作成手串、念珠、朝珠等手持物件，象征持物人高贵的身份地位；如意的柄为手指形，是达官贵人常用的物件，寓意称心如意。

（2）几何文字题材

文字是人类创造的无声的语言，文字在织物纹样上的应用也是采取了最为直接的方式。潞绸也是善用吉祥文字的织物之一，在潞绸的文字图案纹样中，"寿"字和"卍"字应用最广。直接用文字来表达人们吉祥长寿的愿望。同样表达喜庆追求的文字还有"福""禄""喜"等，与其他纹样搭配使用，表达人们对美好生活的向往。

"卍"字纹中的"卍"本为梵文，源自佛教用语，意为集天下一切吉祥功德。此外"卍"字符还是古代的一种符咒，寓意人类生生不息的生命意识，如图 3-15 所示。经常出现在明代潞绸中还有"回"字纹，"回"勾连的方式虽然发生不同的演变，总体上仍然排列有序，连续不断，具有简约婉转的特点。"卍"字纹和"回"字纹都经常用在衣缘、袖缘等位置，作为边纹或底纹使用。

图 3-15　"卍"字纹

"寿"字是人们对生命最直观的渴望。明清时期，"寿"字是潞绸图案纹样应用最为广泛的文字纹样之一。清朝时期，"寿"字纹还与其他各种纹样相互搭配，表达了人们对长命百岁的美好心愿。

（3）人物题材

泽潞地区是潞绸的发源地，也是北方的丝织业重地，明清时期晋商的崛起更助其成为闻名一时的经济中心，这使得明清时期大众化、主流化的思想大量涌入，所以潞绸的花纹样式更加通俗易懂，凸显了平民化、大众化的特点，可以发现潞绸图样大多源于市井文化。

2003 年长治市出土了 2 幅枕顶（图 3-16），从其墨书内容可以发现均产于明嘉靖年间（公元 1522 — 1566 年）的潞安府绫房巷，图案的灵感源于上党戏曲《二进宫》，图案中将戏曲的主要内容以白描的手法加以刻画，使得人物形象更加生动，场景更加客观鲜明。同时，在潞绸的刺绣作品中也存在大量有关戏曲的精美图案和大众化的生活情景，充分彰显了泽潞地区在明清时期审美通俗化与大众化的特点。

图 3-16　明代丝绸手绘枕顶

3.3　本章小结

潞绸作为山西泽潞地区乃至北方地区丝织物的代表，经历了古代的辉煌到现代的衰落，形成了自身独特的技艺风格，不仅是古代纺织技艺的凝练，也有独特的文化艺术表征。

本章对山西传统潞绸的艺术色彩风格进行详细分析，介绍了潞绸的染色技术，研究了潞绸色彩特征。潞绸的色彩丰富，并富含社会属性，具有浓郁的北方风格与地方特色。从潞绸织物的纹样图案艺术上进行详细分类归纳研究，将潞绸织物纹样分为自然纹样与人文纹样两大类，并详细介绍了不同纹样的产生来源及内涵。

潞绸，是集科技与艺术于一身的地方丝织品，经过数千年的传承发展，泽潞地区的人民将他们对自然美和生活美的理解诠释到潞绸中。通过色彩和纹样的交互搭配，既体现了生活热情和乡土特征，又因作为皇室贡绸，将精致的皇家审美融入其中，展示出对天地的敬畏，对万物的悲悯，折射出天人合一、万物和谐共生的价值观。技术与艺术完美交融，形成了喜庆但不华丽、庄重但不呆板、生动但不张扬的艺术特色。

第4章

潞绸织锦的数字化设计与加工

织锦因织造难度高而被誉为纺织业皇冠上的一颗明珠，是由色彩不一的丝线织成花纹各异的织品，依托织物千变万化的组织结构及颜色各异的经线与纬线相交错形成迥然不同的明暗层系或五颜六色的图块来表达不同题材的画面，设计制作出鉴赏性与珍藏价值俱佳的装饰品，织锦由此而得名。在人类数千年生活历程中，织锦随着民族地域的不同呈现出了各式各样的格调。在当代文化背景下，潞绸作为泽潞地区最高丝织技艺的代表，一方面需要人们继承传统潞绸中所蕴含的文化及技艺，另一方面还要在此基础上不断创新，将数字化技术与传统织造技术相融合，并在题材、色彩、形象等不同的创作艺术层面不断探索。

数字化设计与加工潞绸，是指运用计算机辅助技术进行织物设计、织造生产现代潞绸。利用计算机软件对图像进行修整，设计出电子纹样图稿，进而获得上机织造纹板图，使用现代电子提花织机织造出现代潞绸。数字化技术在织锦的设计与织造中的应用，使得计算机意匠取代了传统的人工意匠，并显著提高了设计效率。建立在数字化识别与处理基础上的织锦设计理念、方法与流程及采用了数字图像和色彩模式的设计对象，使创作的潞绸更能直观、便捷地表现其艺术魅力，为在当代社会中发展和传承潞绸提供了新的方法与途径。

本章在传统潞绸的选材、色彩、图案及艺术风格的基础上，对现代潞绸纹样进行创新；并详细记录了现代潞绸数字化设计与加工过程，包含对纹样设计、意匠设计、组织设计等，创作出潞绸的电子纹板图，使用电子提花织机织造出现代潞绸并分析其应用价值，为潞绸的现代数字化传承与发展提供更加丰富的实践经验。

4.1　潞绸织锦的数字化设计与加工流程

潞绸的数字化设计与加工过程包括数字化设计过程和数码织造过程。数字化设计过程主要是数字纹织工艺的设计，其中组织结构设计是纹织工艺的重要内容。数字纹织工艺设计以意匠绘制方法表示组织和纹板加工，从而控制经线的上下运动，主要由纹样设计、意匠设计、纹板文件的生成等过程组成。数字织造过程则包括工艺准备、工艺参数设置、织造等。

4.1.1　数字纹织工艺设计流程

(1)　纹样设计

首先使用高清数码相机或扫描设备获取图片电子稿；其次使用计算机绘画，利用 Adobe Photoshop 图片处理软件，对图片电子稿进行绘制，进行色阶对比度、色彩平衡、亮度/对比度、调整织物色相等设置调整合适的色彩，解决与原图片的色差问题；最后调整图片画面的尺寸，以图片不失真为前提，根据实际生产需要的织物长宽尺寸，进而改变图像像素。

(2)　意匠设计

利用 Adobe Photoshop 图片处理软件和纹织 CAD 对修改好的电子图稿进行分色处理。根据事先将基准颜色色块分配到强制索引颜色表中的色块，将符合图片颜色的强制索引颜色依次分配到图片的每个对应的像素点上；将图片转换成符合实际生产需要的织物强制索引颜色图片；然后按工艺要求进行小样参数设置，利用纹织 CAD 系统提供的图像处理软件功能对数码图像进行编辑、修改，建立纬纱排列信息，设定样卡文件。

(3)　纹板文件的生成

首先选取合适的组织库，其次在纹织 CAD 软件上检查各项指标是否符合织物生产需求的设计要求，最后通过样卡文件进行纹板处理，生成上机 EP 文件。

4.1.2　数字织造流程

(1)　工艺准备

工艺准备包括纬纱穿引、原料的选用规划、织物规格规划、纹针数规划等。织造前准备包括纱线浸湿和经纱整理。

(2)　工艺参数设置

工艺参数的设置包括原料的选取、使用纱线的色彩及密度、织物组织结构、意匠循环和花幅等。

(3) 织造

将生成的上机 EP 文件输入生产车间的控制计算机，生产潞绸织锦产品。图 4-1 为潞绸织锦的数字化设计与加工过程流程图。

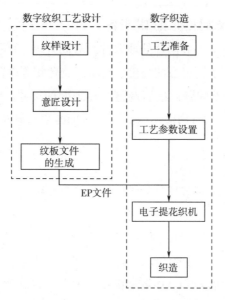

图 4-1　潞绸织锦的数字化设计与加工过程流程图

4.2　潞绸织锦数字纹织工艺设计

4.2.1　设计题材来源及意义

传统潞绸在纹样上以平纹与斜纹作为基本的组织结构，并以各种"字"与"物"作为其组合性题材，再配以不同的工艺技法，如刺绣、提花等，用来表现传统的吉祥与祥瑞理念。使用传统的刺绣、提花等技法将图案用于潞绸设计中，从而表达祥瑞理念与美好愿景的图案题材，这便是最直接的应用方法。将富含美好寓意的复杂山水花鸟为主题的古画作为题材进行潞绸设计制作，这对织物的纹样、色彩、形象等都是一次更高层次的挑战。

在对潞绸数码织物进行了充分调研与分析后，选用清代沈铨的代表画作

《松梅双鹤图》（图 4-2）为蓝本进行设计与制作，作品幅长 191 厘米，宽 98.3 厘米，藏于北京故宫博物院。该画为沈铨晚年所作，笔底春风，色彩笔精墨妙，双鹤更是丹青过实，落笔成蝇，虽用明代技法，却也将作者的风格彰显得淋漓尽致，浑然天成，着墨巧妙，溢于楮墨之表。画作中的线条浑然一体，勾勒疏密有致，加上作者多年积淀的成熟画风，更是将整个画作的质量进一步地提升。

图 4-2 松梅双鹤图

　　从整幅作品来看，画中波涛滚滚，川流不息。一对仙鹤伫立于壁立千仞的崖石之上，身上片片洁白的羽毛勾勒得纤毫毕现，渲染得细致入微；双鹤一仰一俯，气韵生动，尤其右边的仙鹤引颈高鸣，像是在等候遥远天际飞回的同伴。仙鹤的造型栩栩如生，神态泰然自若，清新脱俗，仙鹤的足与喙刻画得更是笔下生风。一旁的苍松则坚如磐石，枯瘦嶙峋的树干表明其经历了无数劫难，预示了时光的流逝与岁月的迁移。翠绿的新竹生长于石缝之间枝繁叶茂，迎着奔腾不息的江水随风飘舞，更有一番趣味。画作不仅充分展现了作者写生的深厚功力，更是将北宋黄筌及明代吕纪等人的写实主义画风升华到了一个全新的高度。

　　在中国古代绘画当中，画家们更热衷于表现像"松龄鹤寿""松鹤延年"这样脍炙人口的题材。沈铨的《松梅双鹤图》虽题材普通，但笔墨间所蕴含的内涵却一鸣惊人，使作品达到了通俗而不庸俗的崇高境界。同时，这幅传世画作明暗搭配，虚实结合的色彩体系及松梅、白鹤等蕴含美好寓意的纹样题材，是一幅可以完美彰显出潞绸色彩艺术、纹样艺术以及织物形象的佳作。潞绸丝织物风格细腻饱满、纤柔、形象逼真，因此潞绸织锦与《松梅双鹤图》的结合可以将图案绚丽多彩、错落有致的优势凸显出来，给人以文化内涵与视觉体验上的双重享受。

4.2.2　纹样设计

（1）素材图片的选取

选取《松梅双鹤图》素材图片的分辨率为 2083×4057，bmp 格式的文件，较高的分辨率图片在后续图片色调修改、瑕疵的处理中更加便捷，满足了纹板图的生成条件。

（2）纹样设计使用的数字软件

纹样设计使用的数字软件是 Adobe Photoshop 图片处理软件，Adobe Photoshop 软件，简称"PS"，是由 Adobe Systems 开发和发行的图像处理软件，主要处理以像素所构成的数字图像，拥有众多的编修与绘图工具，可以有效地进行图片编辑工作，可以将原始素材图片进行色彩、图案大小、方向等的调节，有效去除图片中的色彩不匀和疵点，并可进行图层分色处理，将其修改成符合生成纹板图的数码文件。其操作界面如图 4-3 所示。

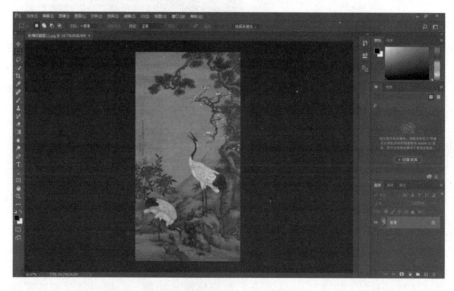

图 4-3　Adobe Photoshop 图片处理软件

(3) 纹样色彩的调节

对图片电子稿进行绘制，调整图片（图 4-4）。原素材图片中的色彩过于饱和，为了达到潞绸颜色的自然朴素，对设计稿的色阶对比度进行调节，色阶调整为：+2、−3、+8；色彩平衡选择中间调、保持明度；亮度/对比度设置为 37/−37；使用智能锐化处理等调整织物色相与原图片的色差问题。处理后的图案色泽清淡，整体画风偏向自然、朴素，织成的织物形象更为立体。图 4-5 为经过处理后的设计稿与原图的对比。

图 4-4　电子图稿色彩调整

设计稿   原图

图 4-5　色彩调整对比图

（4）纹样图像的调节

　　纹板图像的设计首先要与织机的配置相匹配，即纹板图像的大小、幅宽等由织机的规格决定。本次织造使用的织机为浙江万利纺织机械有限公司 WL680 型超启动剑杆织机，织机织造区域长为 3m，织造方式为横织，织机工作时可同时织造 4 幅相同的作品。

　　因此，首先将纹样图像旋转角度，符合上机时的横织模式，将图像顺时针旋转 90°，调整后的图片如图 4-6 所示。

图 4-6　调整后的图片

其次，为符合织机织造规模的织物长度，将纹板图像大小设置为 75cm，高度对应原图比例设置为 38cm，图像大小调节设置如图 4-7 所示。

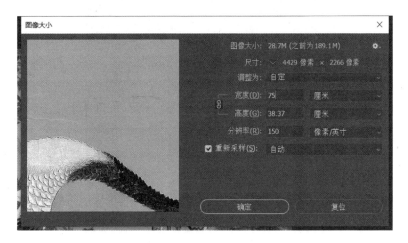

图 4-7　图像大小调节设置

4.2.3　意匠设计

（1）分色处理

分色可以在 Photoshop 处理软件中完成，通过计算机 CMYK 色彩分色图，分色、分层、存储得到四个通道不同的灰度图层，形成四个计算机灰度图像。图 4-8 所示为 PS 分色处理后的灰度图层效果（四个分色灰色图）。

数字纹织技术对初始图案、图像的色彩制作过程包括两个步骤，分别是颜色的分解与颜色的合成。使用计算机 CMYK 色彩分色图，对初始图案、图像的颜色进行分色，形成四个不同的计算机灰度图像，这个过程称为颜色的分解。颜色的合成则是通过改变织物的组织结构从而改变织物表面不同色彩的经丝线与纬丝线的占比，将其混合便可形成不同颜色的织物。人们用肉眼观察织物时，很难辨别某一丝线的色彩，这是因为经纬组织点过小导致的。当织物表面有光线照射时观察织物，人眼便会或同时或先后接收到不同颜色丝线的反射光刺激，这时视网膜上的感光细胞组织便会接收到人眼内的可见光，当神经节细胞组织接收到从感光细胞组织传来的色光信号后，便会将该信号传输到视觉中枢的神经细胞，该细胞位于大脑皮层枕叶中，这样就看到了织物显示的颜色。

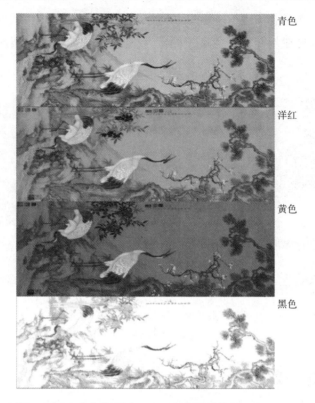

青色

洋红

黄色

黑色

图 4-8　PS 分色处理后 CMYK 灰度图层效果

（2）纹织 CAD 处理

纹板生成使用的软件为浙江经纬纹织 CAD 软件。纹织 CAD 软件是一种单色经多色纬丝织画的自动工艺处理软件，适用于潞绸、云锦、壮锦、蜀锦等丝织物，可拓展应用于家纺类产品，如墙纸、壁画、窗帘等。纹织 CAD 丝织像景软件操作界面如图 4-9 所示。

图 4-9　浙江经纬纹织 CAD 丝织像景软件操作界面

将通过 PS 处理好的纹样图片导入纹织 CAD 软件中，并对纹样图片进行小样参数的设置（图 4-10）。由织造织锦的织机规格将经线根数设置为 8480，经线密度为 112 根/cm，纬线密度为 20 根/cm。

小样参数设置完毕后，需要修改、编辑数码图像，利用纹织 CAD 系统提供的图像处理软件，通过软件中的图像调整功能来调整图像的构图及布局，综合应用作图功能与色彩功能，可以对图像的边缘及图像中的杂色进行修改，以满足意匠色的处理要求，从而获得一个干净的图案层次，保存处理完成后的图像，该图像便可以用于纹板制作。

图像修改好后，建立纬纱排列的信息。根据实际纬纱的颜色，选择图像中纬纱的颜色。一般选择标准颜色，纬纱排列有分组、有颜色过渡的不放在一组。在本次织物中选择的纬纱颜色依次是黑色、绿色、白色、红色（图 4-11）。

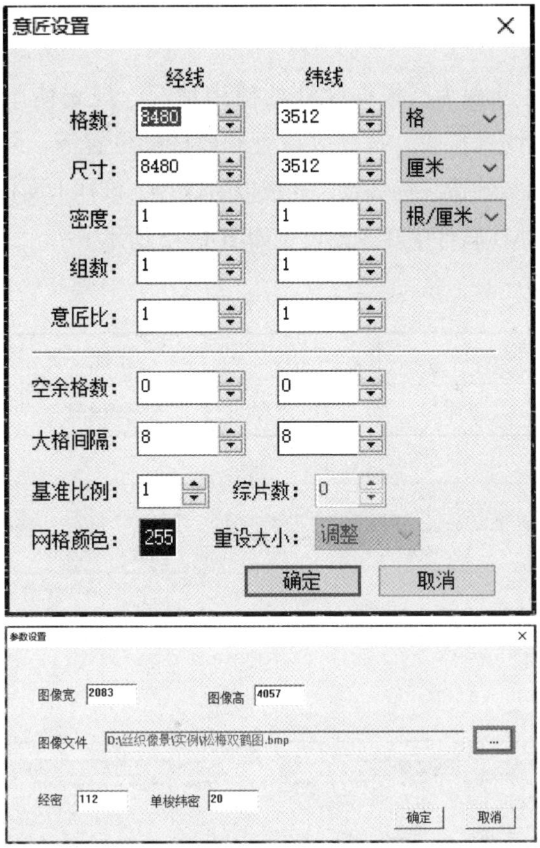

图 4-10　参数设置

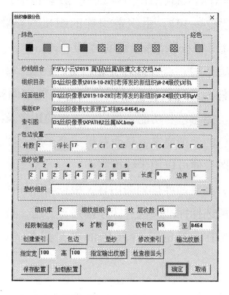

图 4-11　纬纱排列

　　样卡的建立过程为：根据纹针的使用情况，规划使用针的情况，见表 4-1，包括主纹针位置、选纬针位置和停撬针位置等，以便正确制作纹板，位置的要求与装造纹针一致。完成以后保存，该样卡文件可以随时调用或修改。纹织 CAD 软件中样卡的设置如图 4-12 所示。

表 4-1　样卡的设置

梭箱针	停撬针	边针	正身	边针
1~8 针	9 针	41~56 针	65~8464 针	8465~8480 针

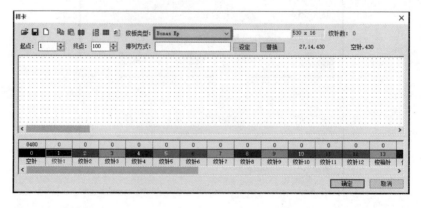

图 4-12　样卡设置

62

4.2.4　纹板文件的生成

(1)　织物组织库的建立

在传统的组织设计方法中，原组织的组织循环 R 和飞数 S 等相关参数需要根据原组织的类型来确定，其次需要对原组织做出描绘，之后以原组织为基础，设计变化组织及联合组织。若属于复杂组织，则需先进行各个简单组织的设计，然后将所设计的各个简单组织组合成单个复合组织进行应用。因此传统的组织结构设计方法是以单一组织模式下的设计和应用为基础的。

随着纹织 CAD 设计技术的广泛使用，特别是在分层组合的机织物结构设计方法提出后，为了满足仿真图像机织物创新设计的需要，全息组织设计方法开始逐渐替代传统单一模式的组织设计方法。全息组织是在原组织的基础上进行系列变化后的组织，"全息"即全部的变化信息，它是指以单个基本组织为基础，通过全息变化得到一组技术特性相同的组织，然后分别建立组织库，它们均可独立应用于织物设计中。

全息组织设计观点的出现，使组织的概念理解发生了巨大的改变，从以往单一组织转向了现在的特征彼此联系的全息组织。在传统机织物的组织设计中，设计变化都是在原组织的基础上进行的，在飞数 S 为常数时，原组织可以形成平纹、斜纹和缎纹三种基本的原组织（图4-13）。根据三种原组织的构成机理，只有两种不同变化的是平纹，另外两种原组织则可依靠变化原组织起点得到 R 种不同的组织变化。所以原组织是织物组织设计的基础，三原组织更是基础的基础，通过三原组织的变化设计可以得到任何具有实用价值的组织，不论是传统的组织设计还是全息组织设计，该原理同样适用。

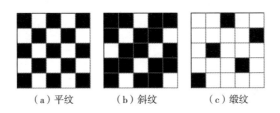

　　（a）平纹　　　　　（b）斜纹　　　　　（c）缎纹

图 4-13　三原组织

根据上述原理创建的全息组织库中的组织可以应用于任意织锦结构组织

的设计创新，特别是用于多层结合设计方式下的单一色彩及组合色彩织锦的创新设计。由于基本组织的所有变化信息均包含于所创建的组织库中，故可在不同意匠的设计创新中重复使用，当所创建的全息组织库源于足够多的不同基本组织时，便可将织锦的组织结构设计化简为如何合理选择组织库。

将不同的组织输入纹织 CAD 中，组成数量巨大的织物组织库，图 4-14 为组织库中 12 枚 5 飞缎纹组织中纬向加强组织图（部分）。

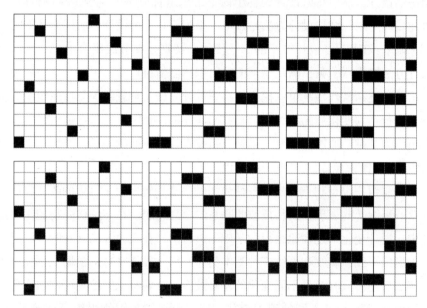

图 4-14　12 枚 5 飞缎纹组织中纬向加强组织图（部分）

（2）组织的选择与铺设

依据样卡、意匠图中的颜色信息及纬纱排列信息来完成组织的铺设。本次潞绸使用的组织为 17 枚缎纹组织、8 枚缎纹组织两种组织库，分别将丝织组织库与纹板中的像素颜色对应铺设，生成织物组织图。织物组织设置如图 4-15 所示。

（3）纹板处理

在完成上述各个工序后，便可开始制作电子纹板。电子纹板将意匠图的图像、样卡、选纬、各类组织轧法说明等各种文件整合在一起，在上述必备文件准备就绪后，系统可制作电子纹板，即 EP 文件（图 4-16）。

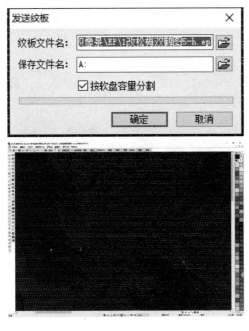

图 4-15　织物组织设置

图 4-16　电子纹板的生成（EP 文件）

4.3 潞绸织锦数字织造

4.3.1 工艺准备

(1) 纬纱穿引

本次潞绸织造共选用了4种颜色的纬纱，纬纱的颜色排列顺序依次为黑色、绿色、白色、红色。在织机装造穿引纬纱时，按照黑、绿、白、红纱线排列顺序选择4个储纬器（图4-17），依次穿引。织物采取正面朝上织制。

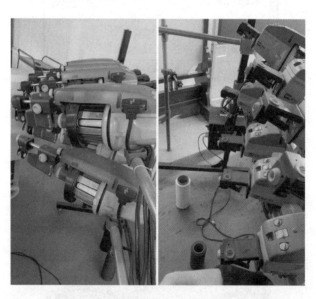

图4-17 储纬器

(2) 原料的选用

经纱的选用取决于织机上所固定的经纱，为100%桑蚕丝，规格为42dtex×2，米色。

选择的纬纱采用与经纱相似的细度，为22dtex×4；颜色分别为黑色、绿色、白色、红色4种纱线；所织织物为潞绸，选取山西晋城（原泽潞地区）产的100%桑蚕丝。

（3）织物规格

织物的经密和纬密由织机规格确定，故经密 112 根/cm，纬密 20 根/cm。

$$花幅 = 主纹针数/经密 = 8400/112 = 75（cm）$$

（4）纹针数规划

总纹针 8480 针，主纹针 8400 针。根据产品的特点和装造的通用性，将第 65~8464 针设为主纹针位置；将第 1~8 针设为梭箱针位置；将第 1 针（不用）无大小边针设为停撬针位置；将第 8465~8480 针设为边针位置。

4.3.2　织造前准备

（1）纱线浸湿

由于北方气候干燥，织造前需浸湿纱线（图 4-18），减少纱线间的摩擦，保障纱线不缠结粘连，提高纱线的抗拉伸能力。

图 4-18　浸湿纱线

（2）经纱整理

织造前需要整理经纱，如图 4-19 所示，保证经纱依次依序穿过筘眼、综丝，完成断经穿综。

图 4-19　经纱整理

（3）电子提花织机的使用

首先进行储纬器的引纬工作，使用引纬钩引纬，引过第一部位，到第二部位时打开开关（切记先关掉开关再引线）；如果纬纱到不了头，可考虑调节纬纱器张力；检查边纱线，电子提花织机边纱穿法为废边 16 根，左边 2 上 2 下，右边 1 上 1 下，绞边纱 2 根；然后将控制电子提花织机的计算机打开后，依次打开龙头开关、吸风机开关。

做好准备工作后，开车，开车时先开慢速，剑头引住纬纱再开车，将两个红开关同时摁下方可开车。碰到短经结头时，将经纱重新接引好方可直接开车；纬纱断掉后，可使用自动找纬，找两次后如有活线，取出活线后开车，如没有，可直接开车。

织造过程中，如果织造有大疵布需要拆布，看好计算机的校数，拆布时要数清拆了多少根纬纱，对好织口方可开车，尽量用倒纬处理坏布；每换一次品种，需要考虑纬密、张力边剪的位置；如无法开车，断纬后需要完整找纬两次，如无效，需打开控制柜，在右下方右角强行找纬。

4.3.3　织造

织造使用的织机为浙江万利纺织机械有限公司生产的 WL680 型超启动剑杆织机，此款高速剑杆织机最大的特点是配备有自主研发的超启动电机，能在启动瞬间释放超大扭矩，从而达到织机的额定转速。该剑杆织机的电气控制系统优越，且采用了升级版的计算机程序，高品质的硬件配置，整机控制的稳定性、可靠性、安全性更加适用于织造棉、麻、真丝、化纤类等织物。

4.3.4　潞绸织造工艺参数

由织造前的工艺准备，整理潞绸的织造工艺参数，见表4-2。

表4-2　《松梅双鹤图》潞绸织造工艺参数

参数	经纱	纬纱
细度	42dtex×2	22dtex×4
色彩	米色	黑色、绿色、白色、红色
密度	112 根/cm	20 根/cm
原料	100%桑蚕丝	
组织结构	17 枚缎纹组织，8 枚缎纹组织	
意匠循环	8480 针×3512 纬	
花幅	75cm×38cm	

4.3.5　上机织造

把制作好的电子纹板图 EP 文件导入控制织机的计算机中，如图4-20所示。

对控制织机的计算机进行参数设置，参数设置按织造工艺参数设定，具体参数设置数据如图4-21所示。

 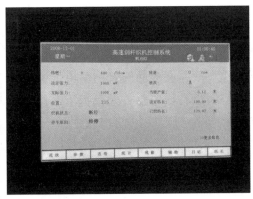

图4-20　控制织机的计算机　图4-21　织机参数设置

69

　　依据织机的使用方法和流程，启动织机，开始织造；织造全过程应时刻注意织机情况，及时处理断纬、断经等停车情况。织造过程如图 4-22 所示。

图 4-22　织造过程

4.4　潞绸织锦成品及应用

4.4.1　下机

　　潞绸织造完成后，需将织造成品从织机上拆卸下来。完整的织物织造完成后，继续织造，使潞绸成品旋转到织机下机位置，将潞绸成品均匀整齐地裁剪下来，完成下机。

4.4.2　装裱

　　将织造成品进行镜片装裱，在织物的四周镶嵌绢边后覆背，最大程度映衬还原

图 4-23　潞绸装裱图

织锦的色彩，同时体现出潞绸织物自然、朴素的风格特征。装裱后的成品如图 4-23 所示。

4.4.3　应用

潞绸装饰画通过镜片装裱后，既可起到保护织物的作用，同时又方便展示，可直接悬挂于会堂、厅堂、居室等处供人欣赏，也可起到装饰的效果。

潞绸装饰画悬挂于居室走廊的效果渲染图如图 4-24 所示。从图中可以看出，将潞绸装饰画悬挂于居室走廊，不仅可以补壁增色，美化家居，还可以给家庭生活增添几分诗情画意，注入活力生机，营造充满文化气息和人文氛围的家庭环境，同时也可以衬托主人优雅的气质与内涵，体现主人的文化及独特的审美情趣。潞绸织锦代表着丝绸织物中的最高水平，更可以营造出富贵气息，使居室主人感到身心愉悦，喜气洋洋。

图 4-24　居室走廊悬挂潞绸装饰画的效果渲染图

潞绸作为宝贵的非物质文化遗产，现存的历史实物极其稀少，用数字化技术设计和加工的现代潞绸织锦，可以模拟传统潞绸文物的实际效果，让人们感受并认识这一珍贵的非物质文化遗产，兼具历史意义、教学意义和实用意义。

　　传统潞绸织工精益求精，色泽浮翠流丹，图案赏心悦目，有"西北之机，潞最工"的美名。根据我国出土文物、文献的记载及传世品来看，传统潞绸多用于服装、书画装裱及祭祀用品。现存实物中传统潞绸的数量少之又少，随着人们对文化层面的精神文明需求日益上升，对传统潞绸的研究、观赏及艺术价值的挖掘和发展具有重要的意义，现代潞绸的开发与设计应用前景广阔，可应用于服装、家纺等产品中，不仅使潞绸成为千家万户的日常使用，也使潞绸的织造技艺在继承和发展中不断创新。

第 5 章

清代潞绸肚兜的数字化再现

图 5-1 所示的清代潞绸肚兜现藏于山西省考古博物院。为了对清代潞绸肚兜承载的艺术、文化、技术等进行有效传承，本章应用现代虚拟仿真技术对该清代潞绸肚兜进行数字化再现，实现对文物的数字化传承。通过实物观察、织造技艺研究、资料比对等方法对清代潞绸肚兜进行外观与内涵的分析研究，考虑清代潞绸肚兜的变形、褪色等因素，对其版型、色彩进行修正，通过计算机软件再现潞绸肚兜文物，并模拟出人体的穿着效果。

图 5-1 清代潞绸肚兜

5.1 潞绸数字化传承与保护的必要性

5.1.1 古代纺织品保护方法

现在对古代纺织品的保护与传承，主要有以下三种方法。

(1) 文物保护研究法

如研究服装或织物结构、传统织染绣技艺、传统纹色彩材质及文物修复，如灭菌除虫、清洗、加固修复、保存使用等，也就是对纺织品本身进行修复与维护。刘帅等的《纺织品类文物材质与染料分析方法》、姚敏的《纤维鉴别在纺织品修复保护中的作用》等研究，着重于对原材料进行分析；王菊的《现代织物染色技术在古代纺织品保护修复中的应用探讨》、温小宁的《江西明代宁靖王夫人吴氏墓龟背卍字纹绫绵上衣的修复与保护研究》，涉及对古代纺织品色彩纹样的研究分析；管杰的《蓝地妆花纱蟒衣的保护修复》、陈杨的《纺织品文物保护中压裱技术应用初探》，重点从服装整体效果上对古代纺织品的破损老化处进行修复与加固；马江丽的《基于知识图谱的纺织品文物清洗研究》、李晓鲁等的《近代丝绸文物在短期展览中的保护分析》，提出对纺织品文物的清洗和养护。

（2）创新设计法

就是以原物为基础进行新的设计创造，主要有服饰和文创两类。如吴丽丽等在《漳缎在现代服饰设计中的传承应用》中以螺旋纹为主要设计元素开发秋冬高级成衣及服饰配件；蒋超伟在《黎族织锦元素在现代服装设计中的应用研究》中将黎族织锦元素运用在现代服装设计中；廖江波在《夏布源流及其工艺与布艺研究》提出以夏布进行当代艺术创作，如绣、画、折扇、软装、工艺品等；王煦炎在《乌拉特刺绣图案在文创产品设计中的应用研究》中将乌拉特刺绣图案运用到文创产品中。

（3）数字展示传播法

运用虚拟仿真、3D 打印、动画、全息投影、数字文物库、虚拟博物馆、移动终端 App 等数字化技术对织物或服饰进行虚拟展示，即运用数字化手段进行展示与传播。郭建伟等在《基于 3D 技术的宋锦织造技艺传承》中创建了宋锦织机数字模型，并演示织机组装过程；周博文在《云锦织物数字化展示技术研究》中进行了云锦织物的模拟仿真；易林在《基于数字化技术的云锦纹样传承与创新应用》中建立了纹样数据库及纹样的创新设计；马芬芬在《藏族服饰数字化展示系统的设计与实现》建立了藏袍的服装模型，搭建了数字博物馆进行展示；张健在《山西民间刺绣艺术在动画创作中的传承与创新——以实验动画"结拜"为例》中将山西民间刺绣运用在动画场景、美术风格、角色造型、影片镜头设计中，将传统刺绣与动画设计相结合；程运佳在《基于贵州传统服饰文化的在线保护研究——以"绣阁"马尾绣的线上平台为例》中进行交互设计，设计线上展览、资料整合、社交功能、线上商城等功能。

5.1.2　潞绸数字化传承与保护现状

目前，很多学者对潞绸的历史发展、技术风格、保护传承等方面进行了研究，对潞绸数字化传承与保护的相关研究较少。关于潞绸数字化的研究现状，学者们主要对潞绸的相关图像采集以及对潞绸的数字化传承保护作出设想方案。

（1）在图像采集方面

杨玲主编的《北京艺术博物馆藏明代大藏经丝绸裱封研究》中展示了北京艺术博物馆藏的三件潞绸经书封面的照片，以及织物组织结构的高清细节图，为潞绸的风格与结构研究提供了重要依据；宗凤英在《故宫博物院藏文物珍品大系：明清织绣》中介绍了故宫馆藏的两件明万历年间的潞绸珍品，并详细解析其艺术风格特点，再现了明代潞绸精品的风貌；由黄能馥、陈娟娟等著的《服饰中华——中华服饰七千年》中记录了明松竹梅三友纹潞绸及其组织扩大图，为潞绸的数字化研究提供了重要依据。

（2）在数字化设想方案方面

刘淑强等在《潞绸非物质文化遗产的数字化保护策略探究》中，提出了潞绸文物的数字化复原保护方法，建立潞绸传统文化数据库与潞绸传统文化数字博物馆；笔者等在《山西潞绸数字化保护与传承途径研究》中提出了实现潞绸工艺数字化、潞绸主题资源网站、数字博物馆手机版，以及通过多媒体幻灯片课件与数字化培训平台和实习平台将潞绸文化在学校教育中推广。

总的来说，潞绸的数字化研究还停留在较为初始的阶段，还没有将传统潞绸与现代技术手段充分结合。

5.1.3　潞绸数字化传承与保护的必要性

如今可以进行考察研究的潞绸文物很少，得以保存的影像资料也不多，可见对潞绸的研究与保护工作多有欠缺，因此诸如文物修复、3D 打印、虚拟博物馆之类的数字化保护方法并不适用。

潞绸文物属于纺织品类文物，由于在空气中容易氧化受损等原因，诸多潞绸文物（如清代潞绸肚兜）未展出过，仅是存放在库房，保护手段低端，起不到文物的教育、科研等作用，利用虚拟仿真技术再现纺织类文物，可以最大化发挥文物应有的价值，传播和弘扬中华民族优秀的传统文化。

为了更好地保护原文物，潞绸文物的研究方法只能以观察与记录为主，

以免对文物造成损伤或破坏，因此要通过有限的信息对其进行多方面思考和
挖掘。

5.2　清代潞绸肚兜的信息解析

5.2.1　清代潞绸肚兜概况

清代潞绸肚兜图案精美繁多、用色鲜明多样，外形近似菱形，大面积的
亮黄色缎织物上有牡丹、菊花和蝴蝶暗纹，一角加缝有一块花边黑色缎织
物，正面辅以制作精巧的近圆形刺绣图案装饰。肚兜整体颜色丰富多样，色
泽饱满，意象丰富，寓意吉祥。

5.2.2　款式

清代潞绸肚兜实物，正面如
图 5-1 所示，背面如图 5-2 所
示。清代徐珂《清稗类钞》中
有："抹胸，胸间小衣也，一名
'袜腹'，一名'袜肚'。以方尺
之布为之，紧束前胸，以防风之
内侵者，俗谓之肚兜，男女皆有
之。"肚兜又名"兜肚"，明清时
多称为"抱腹""袷腹""袜腹"

图 5-2　清代潞绸肚兜背面

等，是古时的贴身内衣，男女老少皆可穿着，其中女性与孩童使用较多。传
统肚兜多以整片面料裁剪成形，之后缝制绳带方便穿用，形制上多为只有前
片护肚，无后片及两袖。穿用时上面用布带系于脖颈上，下面两侧有带子可
以系于腰间，遮盖胸骨至小腹等部位。

肚兜最基本的服用功能是蔽体遮羞，有的还会在上面缝制口袋，可收纳
贴身细软或珠宝钱币，起到钱包的作用。制作肚兜的面料，高档的有绫、
罗、绸、缎，实用的有棉布、麻布、土布、蜡染布。秋冬季节的肚兜可纳入

棉絮，起到驱寒保暖的作用，有的老人会在肚兜中放入中药材，以作治病养生之用。

清代潞绸肚兜的用料幅宽较窄，是以潞绸中的小绸缝制。总体以黄色提花暗纹潞绸为底，上角处拼接有一小块黑色缎织物。肚兜正中位置有丰富多彩的刺绣图案，颜色多达十余种，其用色和谐、光泽细腻、针脚密致，有雍容华贵之态。

5.2.3 尺寸规格

潞绸肚兜的四边长度分别为 29.2cm、30.2cm、34.3cm、35.2cm，衣长约 47.5cm，平铺宽度约 48cm，上端浅凹弧形的最大弦长为 6.9cm，拼接宽度为 3.85cm。肚兜中心刺绣近圆形，背面有刺绣打底用的两层平纹白坯布及纸衬，直径约 15.7cm，如图 5-3 所示。

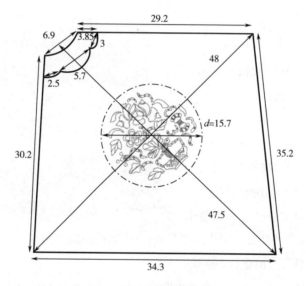

图 5-3　清代潞绸肚兜尺寸图（单位：cm）

古人穿着的肚兜没有号型标准，为了客观呈现潞绸肚兜的大小规格，判断使用者的年龄，现选取与潞绸肚兜外形接近、衣长不同的清代肚兜，同时肚兜上的图案具有明确指向性，便于直接判定使用者的年龄。衣长和平铺宽度两项数据足以表征肚兜的大小，考虑到横向上由肚兜面料和系带共同包覆，即使同一人穿着，平铺宽度的数据也有一定的差异，故将衣长的数据作为重要指标。

经过大量对比分析，选出七件肚兜与潞绸肚兜共同列入表 5-1，七件肚兜的纹样经典且寓意明确，可以快速判定使用者的年龄，衣长近似 25～60cm，取值间隔 5cm，并按照衣长的数值由小到大排列。见表 5-1，可以发现孩童的肚兜长大约在 35cm 以下，成年人的肚兜长总体为 40～60cm。对照潞绸肚兜的长约为 47.5cm，基本可以排除孩童肚兜。

表 5-1　清代肚兜尺寸示例

序号	名称	图例	尺寸（cm）（长×宽）	使用者
1	蓝缎贴补绣虎头葫芦形肚兜		26.4×24.3	孩童
2	玫粉缎童子捧寿刺绣肚兜		35.5×25	孩童
3	汉族红缎刺绣莲生贵子肚兜		38×45	成年女性
4	蓝缎彩绣凤穿牡丹纹菱形肚兜		44×44	成年女性

序号	名称	图例	尺寸（cm）（长×宽）	使用者
5	清代潞绸肚兜		47.5×48	—
6	汉族绛色缎打籽绣麒麟送子肚兜		49×55.5	成年女性
7	蓝地斜纹布八卦美人贴补盘金绣人物菱形肚兜		55×49	成年女性
8	元青缎绣"福如东海寿比南山"纹菱形肚兜		60×66	长者

5.2.4　色彩

（1）色彩提取

色彩是古代服饰中的重要元素，每种颜色都有其蕴含的独特寓意。我国古代将赤、白、青、黑、黄列为正色，既可以与东西南北中五个方位对应，也可以与金木水火土五行属性对应。根据色彩的特性，还有诸多分类方法。按照色相分类，以画面中占比较大的色相色彩来命名，潞绸肚兜为黄色调。按照明度分类，可分为明亮色调、中间色调和暗色调，潞绸肚兜为高明度色彩的浅黄色调。按照纯度分类，可分为艳色调、灰色调和纯灰色调，依据彩色成分的多少分类，艳色调艳丽、鲜明、强烈，灰色调也是潞绸肚兜所使用的色彩纯度，显得温和、稳定、雅致；纯灰色调别致而时尚。按照色彩冷暖分类，有冷色调、中性色调和暖色调，冷色调给人清凉感，中性色调给人舒适感，暖色调给人温暖感。潞绸肚兜的底色虽只使用了一种色相，但由于大提花结构在视觉上表现出多种明度不一的黄色，既有整体、统一的感觉，又富有层次变化。

用色卡与这件潞绸肚兜的色彩进行比对，可得到潞绸肚兜的主要颜色参数，见表 5-2。潞绸肚兜的主色为高明度、偏灰、偏暖的黄色，服饰颜色的选用与地域、季节、使用对象、性别、年龄、职业、风俗习惯及个人审美均有关。清代《养生随笔》中有"腹为五脏之总，故腹本喜暖"，潞绸肚兜的明黄主色偏暖色调，可略增暖意。色彩明快而不夺目，亮丽而不张扬，既显雍容富贵，又具高雅情调，表现出使用者不俗的审美意趣。潞绸肚兜的刺绣采用色相差较大的互补色——翠蓝、品绿、水蓝、水手蓝、靛蓝、花浅葱，邻近色——棕色、代赭石、红桧皮、橘色、淡香色。杨桃黄高贵、雍容、温柔，瓷青、雨过天晴、石青古朴、清爽、庄重，棕色、代赭石、橘色温暖、质朴，鹦鹉绿端庄、稳重、沉郁，深浅不一的蓝色表现出静谧、雅致和沉稳，各种颜色的结合使画面更加丰富、图案更显生机。

表 5-2　清代潞绸肚兜的色彩提取

序号	色彩名称	色彩图示	R, G, B	H, S, B
1	杨桃黄		246, 240, 132	57, 46, 96
2	瓷青		175, 221, 224	184, 22, 88
3	雨过天晴		165, 191, 194	186, 15, 76
4	石青		0, 123, 187	201, 100, 73

序号	色彩名称	色彩图示	R，G，B	H，S，B
5	棕		141，80，25	28，82，55
6	代赭石		173，104，61	23，65，68
7	翠蓝		0，164，197	190，100，77
8	品绿		0，107，148	197，100，58
9	水蓝		89，195，225	193，60，88
10	水手蓝		0，69，122	206，100，48
11	纯蓝黑		0，0，34	240，100，13
12	素		225，222，210	48，7，88
13	鹦鹉绿		0，100，60	156，100，39
14	靛蓝		0，46，90	209，100，35
15	花浅葱		0，142，165	188，100，65
16	焦茶		82，51，17	31，79，32
17	红桧皮		127，76，68	8，46，50
18	玉白		253，252，243	54，4，99
19	橘		191，161，116	36，39，75
20	淡香		250，206，157	32，37，98
21	黑		24，17，15	13，37，9

潞绸肚兜以杨桃黄为主色调，另外加入瓷青、雨过天晴、石青、棕色、代赭石、翠蓝、品绿、水蓝、水手蓝、纯蓝黑、素、鹦鹉绿、靛蓝、花浅葱、焦茶色、红桧皮、玉白、橘色、淡香色、黑色为点缀色。分析各个色彩的 HSB 数值，可以更好地反映它们的色相、饱和度和亮度。H 值在 150 ~ 270 之间的属于冷色调，0 ~ 90、330 ~ 360 之间的属于暖色调，在 90 ~ 150、270 ~ 330 之间的属于中间色调。S 值在 0 ~ 33.33 之间的属于低饱和度颜色，在 33.33 ~ 66.67 之间的属于中饱和度颜色，在 66.7 ~ 100 之间的属于高饱和度颜色。B 值在 0 ~ 33.33 之间的属于低明度颜色，在 33.33 ~ 66.67 之间的属于中明度颜色，在 66.7 ~ 100 之间的属于高明度颜色。潞绸肚兜的底色为暖色调、中饱和度、高明度。刺绣图案的冷色调占 55%，暖色调占 45%；低饱和度颜色占 20%，中饱和度颜色占 30%，高饱和度颜色占 50%；低明度颜色占 15%，中明度颜色占 35%，高明度颜色占 50%。由数据可以看出，肚兜中央部位装饰的小面积色彩主要通过更高的饱和度以及冷暖色对比、互补色对比与底色形成较大反差。潞绸肚兜上的色彩分布如图 5-4 所示。

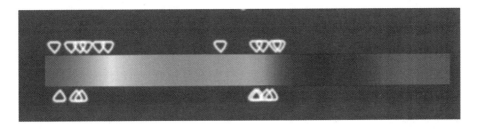

图 5-4　色彩分布图

（2）配色方法

清代潞绸肚兜上的刺绣图案非常丰富，既有写实图案，也有抽象图案。刺绣图案使用了深浅不一、色调统一的蓝色绣线，色彩过渡柔和、风格清新雅致，正是清代流行的三蓝绣。三蓝绣强调绣线用色而非针法，是清代绣品的重要特征。三蓝绣的"三"是泛指，事实上会用到多达十几种蓝色绣线，也可以辅助搭配其他颜色的绣线，以蓝色调为主导即可。图 5-5 所示的肚兜局部，便有很明显的三蓝绣特点。更典型的如故宫博物院藏的石青色缎绣三蓝花蝶祫大坎肩（图 5-6），在衣身上绣有众多三蓝蝴蝶和兰花纹样，构图生动写实，设色素洁淡雅，可见这种三蓝的配色方法在清代宫廷与民间服饰中都非常流行。

图 5-5　肚兜局部　　图 5-6　石青色缎绣三蓝花蝶裉大坎肩

从色彩冷暖来看，潞绸肚兜的底色为暖色调，刺绣图案中的瓷青、雨过天晴、石青、翠蓝、品绿、水蓝、水手蓝、纯蓝黑、鹦鹉绿、靛蓝、花浅葱属于冷色调，冷暖色对比搭配，有画龙点睛的效果。从色彩饱和度来看，刺绣所用的深石青、棕色、翠蓝、品绿、水手蓝、纯蓝黑、鹦鹉绿、靛蓝、花浅葱、焦茶色饱和度较高，在底色的烘托之下尤为鲜艳夺目。综合考虑色相、饱和度、明度，其中最突出的颜色为品绿、水手蓝、鹦鹉绿、靛蓝、花浅葱，其余颜色在色相、饱和度或明度上与底色相近，可以将底色与突出的颜色较好地调和起来，削弱纹样的凌乱感。从色块面积上来看，视觉突出的颜色总体偏冷色调，过渡色总体偏暖色调，两者面积相当，给人一种视觉上的协调和心理上的平衡。在空间布局上，这几种颜色的重心自左上至右下大致均匀排列，并有各种过渡色镶嵌其中，因此产生了花地分明、协调均匀的视觉效果。

(3) 染色方法

清代潞绸肚兜所用的潞绸面料为黄色，传统染色法使用的是植物或矿物原料，染黄色常用荩草、栀子、姜黄和槐米。经山西省考古博物馆研究员检测，潞绸肚兜的黄色为姜黄素类植物所染。姜黄素是从姜科、天南星科中一些植物的根茎中提取的二酮类化合物，姜科植物中的姜黄是清代潞绸肚兜所用的染料。姜黄（图 5-7），又称"毫命""宝鼎香""黄姜"，为多年生带有香味的草本植物，橙黄色，成丛，分枝呈椭圆形或圆柱状，既可食用，又可入药，根茎可提取姜黄素用于染色。清代《植物名实图考》中记载有姜黄的形貌和种植情况："姜黄，唐本草始著录，今江西南城县里龟都种之成田，以贩他处染黄，其形状全似美人蕉而根如姜，色极黄，气亦微辛。"可见在清代，姜黄不仅被人们用于染色，并且已经商品化。

图 5-7　姜黄

黄色潞绸光彩照人，而与之拼接的黑色更为经典，传统植物染黑色的方法至今都有保留。黑色使用媒染法进行染色，可以用橡树籽为染料，铁屑为媒染剂。将橡树籽碾碎，沸水煮两小时，搅动布匹，染色完全之后，用媒染剂固色。清洗之后晾晒，并用淀粉上浆。除了橡树籽，还可以用五倍子、莲子壳、乌桕叶、鼠尾叶、苏木、皂斗等植物染黑色。黑色之所以更具有代表性，一是因为泽潞地区风沙较大，黑色不易显脏，中老年人偏爱黑色作为装饰和保暖用；二是因为泽潞地区的戏曲文化，随之产生了戏曲角色装扮发式所用的水纱以及乌绫，即黑色头帕，水纱与乌绫曾一度风靡北方市场，水纱的织造工艺与黑色染色工艺至今留存。黑色极具地域特色，再加上本身所具有的庄严肃穆的风格特质，其独特的地位不言而喻。

(4) 色彩校正

清代潞绸肚兜年代已久，日光、空气、温度、微生物等都会影响其原本的色彩和光泽。潞绸肚兜外表面所呈现的杨桃黄已经不复初时的鲜亮。在折缝处依稀可以提取到更加浓郁的赤金色，显然会更加接近潞绸肚兜的原色。为了探究清代潞绸肚兜本来的色泽，现进行实验，使用姜黄对真丝面料染色。

准备姜黄原料，5 块白色真丝面料小样（经纬密与潞绸接近），4 种媒染剂（硫酸铝钾、硫酸铝、硫酸铜、硫酸亚铁）。步骤如下。

①用电子天平称量姜黄 200g，如图 5-8 所示，加入 2000mL 水浸泡 45min。

②先用大火煮 10min，再换中火煮 30min，初次得到姜黄的染液约 250mL。

③过滤出染液后，再在姜黄染材中加入 2000mL 水，中火煮 30min，第

图 5-8　称量姜黄

二次得染液约 1000mL。

　　④将两次所得到的染液混合，最终得到姜黄染液 1250mL，如图 5-9 所示。

图 5-9　姜黄染液

　　⑤将真丝面料小样用温水浸泡 10min，备用。使用电子天平称量媒染剂硫酸铝钾、硫酸铝、硫酸铜、硫酸亚铁各 1g，备用。

　　⑥将 5 块真丝面料小样投入染液中，加热搅动染 30min，并注意随时搅动面料，排出空气，以免染色不匀。染完后取出面料，多次清洗去除浮色。

　　⑦分别配制 1∶1000（1 克媒染剂配比 1000mL 水）的媒染剂溶液，如图 5-10 所示。将 5 块真丝面料小样分别投入硫酸铝钾溶液、硫酸铝溶液、硫酸铜溶液、硫酸亚铁溶液和水中，浸染 20min，如图 5-11 所示。

图 5-10　媒染剂

图 5-11　媒染过程

⑧取出面料后冲洗干净，晾干并熨烫平整，即可得到色泽不同的面料，如图 5-12 所示。

图 5-12　染色后的面料小样

⑨在室内灯光下，对比色卡的赤金色，与之最相近的是姜黄经硫酸铝钾媒染而成的黄色，如图 5-13 所示。由于拍摄角度不同，图片略有色差。但在肉眼观察下，提花织物与素织物的质感略有差别，颜色非常接近。

⑩选取角度观察织物提花部分的颜色，经与色卡对比，为金雀花黄色，如图 5-14 所示。

图 5-13　面料与色卡对比

图 5-14　面料提花部分与色卡对比

5.2.5　纹样

(1) 提花纹样

提花织物应用了两种或两种以上基本组织，如清代潞绸肚兜便使用了斜纹和缎纹两种组织，在织机上通过提花开口机构和相应的花本进行织造，形成大花纹织物。提花织物的纹样设计不是随心所欲的艺术创作，必须与织物品种的组织结构、提花机妆造工艺、纹样意匠工艺及纹板轧制工艺紧密联系和结合，是一种实用工艺美术设计。提花组织利用经、纬线的组织结构和色彩的交织变换来表现图案的显花工艺。

提花纹样的题材、构图、排列、风格等是构成提花织物艺术美的重要元素。清代潞绸肚兜花地同色，以缎纹为地，斜纹为花，经面缎纹地的表面细腻光亮，显得富贵，而斜纹显花呈现一定的斜向光泽感，使织物更富有层次变化。潞绸肚兜的提花纹样种类丰富，花型无枝茎连缀，形态逼真，满地铺陈，呈散点式排列。第一行为蝴蝶，纹样走向从左上至右下；第二行为菊花，纹样走向为从右上至左下；第三行为牡丹，纹样走向为从右上至左下。

依据实物纹样,分别将这三种纹样重新绘制,见表5-3,蝴蝶纹样长8.8cm,高6.5cm;菊花纹样长9.5cm,高11cm;牡丹纹样长9cm,高10.5cm。蝴蝶、菊花、牡丹三者为一组构成一个纹样循环单元,一个循环单元宽9cm、高27.5cm,如图5-15所示。将单元纹样上下左右拼合起来,进行四方连续排列。在Photoshop中,使用"滤镜"当中的"位移"功能,检验四方连续纹样并适当修改,绘制好的四方连续纹样如图5-16所示。

表5-3 潞绸肚兜提花纹样

样式	纹样图	提取图
蝴蝶	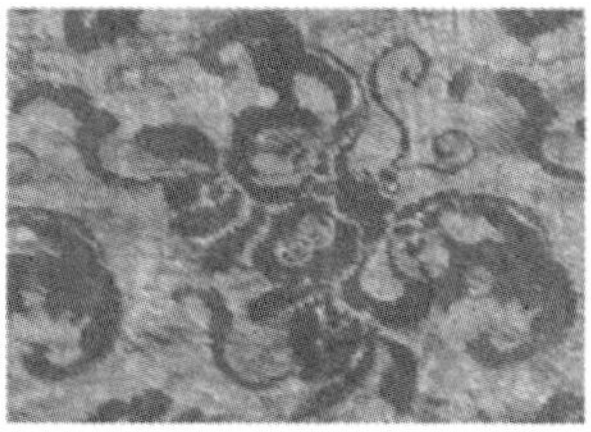	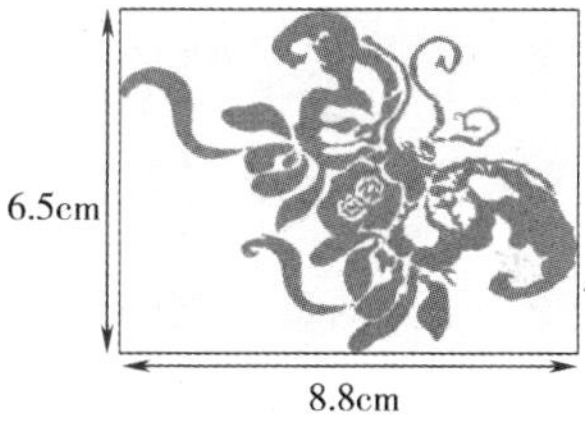
菊花	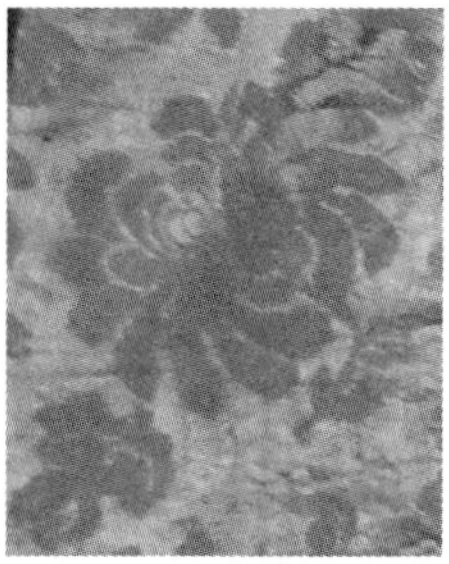	
牡丹		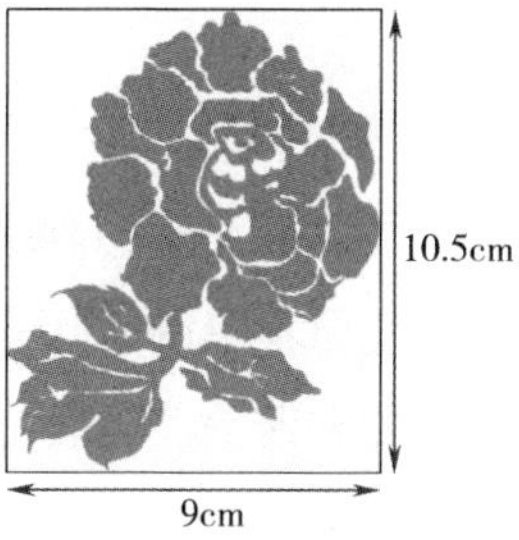

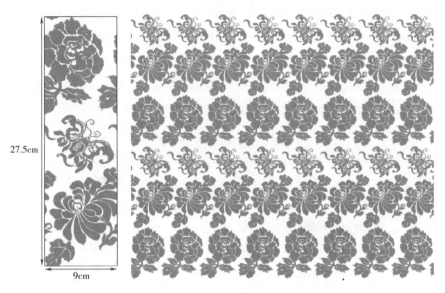

图 5-15 单元纹样　图 5-16 四方连续纹样

传统纹样讲究图必有意、意必吉祥。牡丹为花中之王，雍容华贵，早在唐宋时期便是丝织物上的常见纹样题材，清代潞绸肚兜上的提花牡丹纹延续了明式的端庄大气，花叶栩栩如生，尽显富贵华美之态。菊与梅、兰、竹并称为花中"四君子"，既象征高洁，又可取义长寿，是文人墨客所喜爱的装饰题材。蝴蝶中的蝶谐音"耋"，象征吉祥长寿，同时"蝶"又同"瓞"，寓意儿孙满堂、繁荣兴盛，是传统服饰中常见的昆虫纹样。蝴蝶和吉祥花卉组合成"蝶恋花""花蝶绵绵"，象征美好的爱情、幸福的婚姻和美满的人生。牡丹象征富贵吉祥，菊又同"举"，二者结合，寓意阖家幸福、富足美满。三种纹样互相映衬，共同指向对婚恋、家庭、人生的美好祈愿，寓意福寿双全。

（2）刺绣纹样

清代潞绸肚兜正中的刺绣纹样（图 5-17）对整体起到了很好的修饰与点缀作用，使原本单调的肚兜在视觉形式产生层次、格局和色彩的变化，体现肚兜整体的和谐美。除装饰作用外，刺绣纹样还有象征意义。

图案①的外形是一朵蓝色莲花，"莲"谐音"连"，在中国古代文化中有着"连生贵子""连年有余"之意，古人将多子视为福运的象征，期望世代延绵、家族昌盛。莲花纹也称荷花纹，象征着纯洁，广泛运用在丝织物上，或呈现写生自然之态，或呈现装饰性的造型。潞绸肚兜此处的莲花纹略微抽象，意在与其他纹样组合形成吉祥图案。

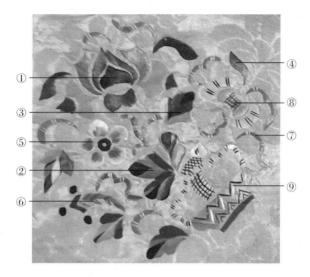

图 5-17　刺绣纹样

　　图案②是一大片荷叶，图案④是落下的花瓣，与图案③相似的叶子图案有好几处。三者在用色上都是蓝色系，色彩上与莲花形成呼应，题材上也具有相关性，既是关联，也是对莲花图案的补充，使莲与叶的意向更加丰富完整，显现出枝繁叶茂、欣欣向荣的生命力。

　　图案⑤是一朵渐变的五瓣梅花，梅花瓣数为五，民间借其表达福、禄、寿、喜、财五福。梅花凌寒而放，开于百花之前，在古代被称作"迎春花"，有迎春报喜之意。此处的梅花纹是单独出现的，在古代丝织品中，有几种梅花纹的组合频频出现，很受人们喜爱，如流水落花纹、冰裂梅花纹、喜鹊登梅纹、"岁寒三友"纹、"四君子"纹等。

　　图案⑥是一根谷穗，"穗"同"岁"，寓意岁岁平安。在农耕时代，农事丰收才有生活富足，五谷也寓意五福临门。谷穗是黄河流域代表性的农作物，具有吉星高照，早生贵子的吉祥寓意。

　　刺绣图案之间填有较多的屈曲状图形⑦，应当为狗尾草一类的春草。草纹遍布图案的各处间隙，形态各异，有延绵之势。正如春草，虽然形貌朴实，却有极强的生命力。既是对整体纹样的点缀调和，也寓意生生不息、欣欣向荣。

图案⑧是一块元宝，元宝本身就是金钱和财富的象征，是由金银锭的形态美化而来，寓意富贵如意。常见的金锭形状有马蹄形、长方形、椭圆形、葫芦形、立方体等；常见的银锭形状有船型、条形、饼形等。在图案⑧中，中间橙黄色部分是金铤（图5-18）的形状，采用束腰形，线条流畅，两侧的白边类似明清元宝（图5-19），两侧翘起，橙白两部分共同构成一个船型元宝的形状。

图5-18　金铤　　　　　　　图5-19　元宝

图案⑨是一个竹篮，竹篮上有一个人的形状，虽然较为抽象，但是与其他孩童的人物纹样一样，寓意早生贵子、多子多福。竹篮底部又像是一个陶盆，上有简单的折线花纹作为装饰，各种象征美好吉祥的图案围绕在上方，有聚宝盆的寓意。整幅刺绣图案囊括了春草、夏荷、秋谷、冬梅、财宝、人丁，蕴含着人们对四季吉祥、人丁兴旺、富贵安乐的美好期待和祝福。

清代丝绸图案在纹样题材、装饰造型、布局骨架等形式上继承和吸收了明代纹样的精髓，在清朝前期表现尤为明显。清朝前期，以宫廷丝绸为代表，整体风格相对古朴雅致、造型端庄大气。至清朝中期，民间丝绸的纹样也非常丰富多彩，自然写实风格的纹样越来越多，层次表现更加丰富，不仅融合了多民族的艺术精髓，也大量吸收外来文化融入纹样中。至清朝后期，丝绸的纹样造型更加写实细腻、繁复精巧。根据纹样判断，清代潞绸肚兜很可能是清代中晚期的作品。

（3）背面墨书

肚兜的背面为褐色地万字纹平纹织物，可见"贺宝兄续弦"的字样，如图 5-20 所示。古人以琴瑟来比喻夫妻，从男方的角度来看，丧妻则称为断弦，再娶新妻则称为续弦。而从女方角度来看，嫁给丧妻之夫为填房。可以推测这件潞绸肚兜可能为庆贺好友再娶的礼品，侧面可见潞绸在当时的社会价值不菲，且深受人们认可和喜爱。

潞绸肚兜背面的墨书字迹大小不一，且四周边缘处并不完整，应当是赠礼者先将文字写在褐色的平纹织物上，后将织物裁剪用于制作肚兜，受用料限制，不能将字迹完整呈现，截取重要的一部分留下制衣。根据潞绸肚兜背面的字迹，在 Photoshop 中绘制相应的图案，因实物边缘并不整齐，需要进行微调以符合制版形状，如图 5-21 所示。

图 5-20　清代潞绸肚兜实物图背面　　　图 5-21　墨书绘制图

肚兜的使用范围很广，男女老少皆可用，推测这件清代潞绸肚兜的使用者为成年女子。从潞绸的墨书"贺宝兄续弦"的字样可以得知，此潞绸肚兜为墨书主人为好友结婚再娶所准备的礼品，从使用功能来看，适用于成年女子，所以它的使用者应该是宝兄续弦迎娶的新夫人。前文所分析的尺寸和纹样也可以作为佐证。在尺寸上：在相近形状的肚兜中，儿童肚兜的横向尺寸接近 30cm，纵向尺寸约 35cm 而成年人的肚兜，横向尺寸接近 50cm，纵向尺寸约 45cm，对比潞绸肚兜的实际尺寸，更符合成年人所用尺寸。在纹样上：肚兜中的色彩纹样非常丰富传神，图案的寓意十分贴合主人的身份，如年轻女性肚兜中经常使用蝴蝶、鸳鸯、吉祥花卉来象征美好的爱情和生活；儿童多用老虎、五毒等纹样，有辟邪祈福之意，以保佑其健康成长；老人经常使用寿桃、"福"字、"寿"字等纹样，祈求健康长寿；而男子则会使用求官类纹样，如以"鹭鸶""莲花"象征一路连科，祈求学业有成、考取功名。结合潞绸肚兜上的纹样及寓意，更符合女子所用。

5.2.6 工艺结构

丝绸织物利用纱线的色彩、品种与组织结构表现出丰富多彩的图案，被广泛应用于高档服装服饰和家纺装饰类产品，具有几千年的文化传承和技术积淀。早在汉代，经线起花已经可以织造出精美华丽的云气纹、动物纹、文字等图案。宋代以后，随着提花织造工艺的进步，纬线起花的提花织物层出不穷，提花图案的造型、色彩均达到了极高的艺术水准。潞绸也是自此而生，最常见的便是三枚斜纹地和纬六枚斜纹提花的纬线起花结构。

(1) 纺织结构

在泽潞地区，卧机和平板机（机身水平的双综双蹑织机）的使用最普遍，利用提花技术可织出不同的图案。受织绸机大小的影响，潞绸的幅宽较窄，根据清光绪《山西通志》中记载，潞绸的规格有大小两种，换算成现代的计量单位，大绸每匹长约 26.7m，宽约 80cm，重约 3kg；小绸每匹长10m，宽约 56.6cm，重 1.6kg。清代潞绸肚兜所用面料属于其中的小绸。

潞绸的经线多为强捻，纬线多为双股并用，地组织多为斜纹，偶有缎纹，组织多为斜纹。结合潞绸的外观特点和纺织结构，可将其分为三个品种：暗花绸、两色绸和五枚三飞缎。清代潞绸肚兜面料为缎纹组织，地组织为五枚三飞缎纹，纹组织为 2/8 斜纹，经密 122 根/cm，纬密 64 根/cm。在缎地上起纬花，不宜画过细的直线条，蝴蝶、菊花、牡丹这些大提花纹样的线条非常柔和灵动，既有图案设计上的考量，也有织造适用性的考虑。

五枚三飞缎纹组织结构的织物主要有闪缎、两色缎和织金缎。两色缎的织法与潞绸不同，而织金缎在织造过程中会捻入金线，与该品种潞绸最相近的是五枚三飞闪缎，会在地组织中运用缎纹组织，经纬线不同色，且地纬兼作纹纬起花。以灰绿地平安竹潞绸为例，经线灰绿色、强捻，纬线黄色、强捻，地组织为五枚三飞缎纹，纹组织为 2/8 斜纹显花。与之相对比的是木红地杂宝卍字闪缎、雪青地缠枝菊花闪缎，五枚三飞地组织的潞绸与闪缎的对比见表 5-4。

表 5-4　潞绸与闪缎对照表

品种	经线	纬线	地组织	纹组织	图例
潞绸	强捻	强捻、双股并用			
闪缎	强捻	强捻、双股并用			
	弱捻	弱捻、双股并用			

除缎纹品种外，潞绸更多是以经面斜纹组织为地、纬面斜纹组织起花，其组织的枚数虽然不同，但斜向相同。按照经纬线是否同色，可以分为暗花绸和两色绸。暗花潞绸的织造工艺与其他织花绸略有不同，它是一种用单色纬线织花纹的单色提花丝织物。从外观效果来看，花地同色，由于花地结构的不同，具有不同的光泽表现效果，从视觉上形成暗纹。以水粉地缠枝花卉暗花潞绸为例，经纬线都是水粉色，经线 S 强捻，纬线无捻，地组织为 2/1 斜纹，纹组织为 1/6 斜纹显花。与之非常相近的是明黄地缠枝芙蓉暗花绸，两者的对比见表 5-5。

表 5-5　潞绸与暗花绸对照表

品种	经线	纬线	地组织	纹组织	图例
潞绸	S 强捻	无捻、双股并用			
暗花绸	强捻	无捻			

两色潞绸与普通的两色绸相比，主要在于织法不同，普通两色绸的花纹是用纹纬织成，而潞绸的花纹是用地纬兼作纹纬织成。以绿地牡丹永安瓶杂宝潞绸为例，经线为绿色、强捻，纬线为红色、强捻，地组织为 2/1 斜纹，纹组织为 1/5 斜纹显花。与之相似的是灰蓝地方棋连云灵芝桃两色绸，两者的对比见表 5-6。

表 5-6　潞绸与普通两色绸对照表

品种	经线	纬线	地组织	纹组织	图例
潞绸	强捻	强捻、双股并用			
普通两色绸	强捻、双股并用	强捻、双股并用			

（2）刺绣工艺

清代潞绸肚兜为古人婚礼所用，按古时的传统，从议婚至完婚有六项礼节，即纳彩、问名、纳吉、纳征、请期、亲迎。纳彩就是男方请媒人去女方家提亲，山西泽潞地区的婚俗中一般都以亲友为媒，对媒人、姻亲较为重视。"问名"之礼在清代被称为"取四柱"，即男方请媒人问女方的姓名和生辰八字。此后的占八字、送聘礼、择婚期等礼与古时相差不大。亲迎之礼有所不同，只有士大夫、大户人家才会亲至女家迎娶，其余人一般不行此礼。待到举行婚礼时，告祠（告于祖宗）、醮命（新郎父叮嘱新郎，新娘母叮嘱新娘）、奠雁（以大雁为礼象征爱情忠贞）、合卺（新人共饮合欢酒）皆近于古时。

清代是中国刺绣技艺发展的巅峰时期，刺绣题材丰富，刺绣技艺多种多样，刺绣风格细腻精巧，不论是宫廷刺绣还是民间刺绣，都可谓精妙绝伦。依照传统，女性自小便跟随家中长辈学习女红，出嫁前会亲手制作衣裙、鞋帽、被面、枕顶、鞋垫等诸多嫁妆，以一针一线来表达自己的真挚情意和对美好姻缘的向往。刺绣技艺是当时评判闺中女子的重要指标，新娘出嫁时也是绣物裹身，精美喜庆的绣品与清代泽潞地区婚俗有着紧密的联系。潞绸的绣法中除了传统的平针绣、打籽绣、三蓝绣、盘金绣等，还有泽潞地区独特的绣法——长治堆锦。

潞绸肚兜刺绣整体采用平针，其特点是针迹平直，绣线整齐而均匀地覆盖在织物表面，不会露出底色，也不会相互重叠，因而绣面十分平整，显现出丝缕的光泽。潞绸肚兜的刺绣使用了蓝色、橙色、棕色、粉色、白色、黑色等不同颜色的绣线，正如其"彩绣"之名。平针中又用到了齐针和戗针两种针法。齐针（图 5-22）的出针与入针都在图案的边缘，具有齐平匀整的效果。戗针（图 5-23）则是用短直针按图案形状分层刺绣的针法，此处用到的是正戗针，即从外缘向内分层绣制。由戗针绣制的纹样整齐，装饰性强，绣线颜色从浅到深，晕色效果极佳。

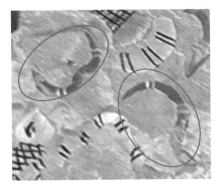 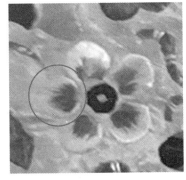

图 5-22　齐针　　　　　　　　　　　图 5-23　戗针

除了平针针法，潞绸肚兜还辅以打籽针，如图 5-24 所示。打籽针又称"结子"或"环绣"，具体绣法是在绣地上挽扣，结出一粒粒犹如珍珠的环状小结子。打籽绣以点组成图案，极具立体感，常用于表现绣纹的质感、花卉的花蕊和动物的眼睛等，打籽绣细节如图 5-25 所示。

图 5-24　打籽针　　　图 5-25　打籽绣细节图

（3）肚兜结构

根据测量潞绸肚兜各位置所得数据，绘制肚兜的结构图（图5-26）和样板图（图5-27）。肚兜主要由三部分织物组成，正面以胡桃黄色的潞绸为主体，上端拼接一小块黑色缎织物，背面为褐色平纹织物。在黑色缎织物拼接处有同色明线，针脚均匀细密，其余均无露出线迹。

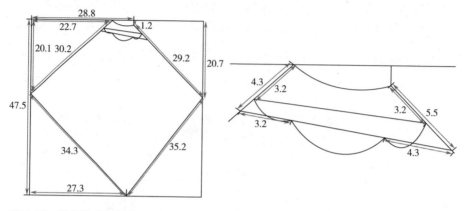

图5-26 潞绸肚兜结构图（单位：cm）

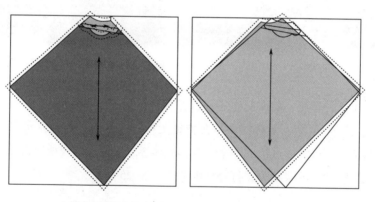

图5-27 潞绸肚兜样板图

观察清代潞绸肚兜的外部轮廓，可以发现整体上左右并不对称，如图5-28所示。从人体结构与穿着合体性的角度考虑，是不合理的，这样穿着在人体上会非常不服帖。从表5-1中可以看出，近似菱形的清代肚兜在结构上大致都是左右对称的，可以排除新奇设计的可能。作为新婚贺礼

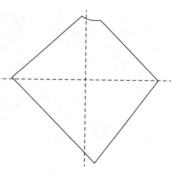

图5-28 潞绸肚兜轮廓图

的清代潞绸肚兜一定不会是在完工之初便存在如此大的板型问题，可能是这件潞绸肚兜未得到妥善保存，因悬挂或拉扯产生了较大变形。

为了后期进行模拟时展现良好的效果，同时也是探究清代潞绸肚兜的本来面貌，现将潞绸肚兜的板型进行修正。

①首先按照潞绸肚兜的现貌绘制结构图，裁剪成纸样，如图 5-29 所示。此处需要注意潞绸肚兜面料的经纱方向，可依据面料上提花纹样的排列方向和循环规律来判断。且四边中下方的边最长，明显有拉伸痕迹，也可作为经纬向判断的参考依据。

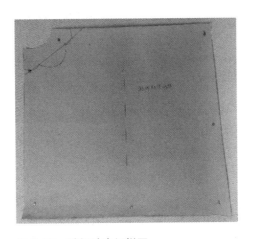

图 5-29　潞绸肚兜纸样图

②按照纸样，裁剪一块与潞绸肚兜轮廓完全相同的白坯布。潞绸肚兜上端浅凹处有一块黑色织物拼接，此处在缝合时用两道线固定，不易松散变形。在白坯布的相同位置用细密的针脚加固，以防后续操作使其变形。然后在各边缘处，以及纬纱方向每相隔 5cm 处手缝一道宽针脚明线，适当留出两端的线头，以便后续进行抽褶。所缝线迹如图 5-30

图 5-30　缝线示意图

所示。此处使用的是聚酰亚胺纱线，需要注意，普通缝纫线在抽拉过程中易断裂。

③先对面料纬向进行抽褶。缓慢拉动边缘两端线头，整理好抽出的褶皱，使其均匀地分布。左右两边的走向接近面料的经纱方向，即使变形也是很小的幅度，可以配合一点少量抽褶。在操作过程中，注意观察白坯布整体的形状变化，使其尽可能左右对称，抽褶后白坯布的状态如图5-31所示。

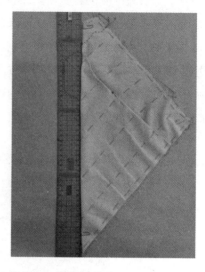

图5-31 抽褶示意图

④适当调整浅凹处的弧长，测量并记录白坯布新的各边数据，使用服装CAD软件绘制新的潞绸肚兜结构图与样板图，如图5-32、图5-33所示。样板1为肚兜的衣身部分，即黄色潞绸面料覆盖部分；样板2为上端弧形浅凹位置，即黑色缎织物拼接部分；样板3为肚兜的背面，为一块完整的褐色平纹织物。

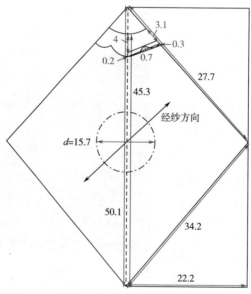

图5-32 结构图（单位：cm）

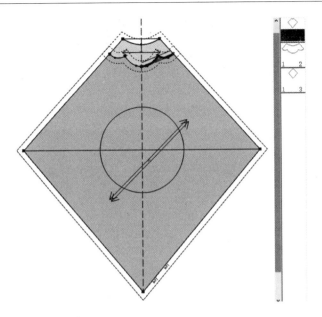

图 5-33　样板图

⑤将修正前后的肚兜板型进行比较，如图 5-34 所示，红色阴影部分为修正后的肚兜板型。通过轮廓线的重合比对，可以清晰地观察到肚兜各个位置的调整和变化。

（4）结构补充

潞绸肚兜做工精细、色彩绮丽，但是衣身上并无穿着用的系带，也无拆卸、破损、按压的痕迹，猜想原因有三：一

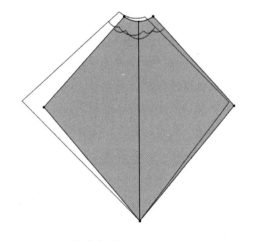

图 5-34　板型对比图

是潞绸具有一定的社会意义，可以作为贵重物品被人们赠送或收藏，该潞绸肚兜工艺精美，寓意极佳，既是友人相赠的礼物，又是自己结婚的纪念品，可能一直被新主人收藏，并未穿着使用；二是服用黄色潞绸恐有僭越之嫌，黄色是我国古代皇帝的专用色，该件潞绸肚兜色彩浓郁、奢华庄重，考虑到古代服制规定，色彩可能也是潞绸肚兜没有被穿用的原因之一；三是考虑到衣物的实用性，潞绸肚兜的背面有墨书，无论穿着还是清洗都不方便，如遇

101

清水或汗渍可能晕染成污，精美的潞绸佳作将不复存在。

对潞绸肚兜进行虚拟仿真需要将结构补充完整，在弧形浅凹的两侧和左右两端各加一条系带，新的款式图如图5-35所示。

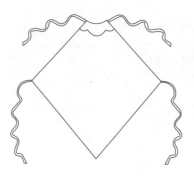

图5-35　（新）款式图

5.2.7　小结

对清代潞绸肚兜进行全方位的解析，将其尺寸、色彩、纹样、结构等转化为数字化信息。统计清代潞绸肚兜的用色，绘制潞绸肚兜的款式图、提花暗纹图、刺绣纹样图、墨书文字图、结构图、样板图，以及潞绸肚兜调整后的色彩数值、结构图、样板图、款式图。以清代潞绸肚兜为例，分析肚兜的来历和功用，色彩的寓意、流行与技艺，纹样的寓意、偏好与风格，并涉及相关的婚嫁民俗、社会意义、服饰制度等。

清代潞绸肚兜外形近似菱形，适合成年女子穿着。绸面颜色是杨桃黄，中心刺绣用色多达十余种，以高饱和、高明度的冷色调为主。通过冷暖色对比，过渡色调和，使得绣面花地分明、协调均匀。同时融入三蓝绣法，使视觉上素洁淡雅。在染色方法上，潞绸肚兜使用姜黄进行植物染色。面料上织有蝴蝶、菊花和牡丹暗纹，绣有春草、莲花、谷穗、梅花、叶子、元宝、竹篮、孩童等诸多图案。肚兜背面用褐色平纹织物，上有墨书，证明了该物的来历和作用。最后对潞绸肚兜的组织结构、刺绣工艺和产品结构进行了分析。

清代潞绸肚兜的保存尚可，但仍不可避免地产生了织物变形和褪色。针对潞绸肚兜的板型和色彩，分别设计方案，得出更加真实合理的、更接近原始状态的潞绸肚兜板型和用色。板型上左右是接近对称的，穿着效果才能贴合人体。经过染色试验，找到了更加浓郁的赤金色和金雀花黄色作为肚兜绸料的颜色。清代潞绸肚兜作为一件新婚礼品，寓意吉祥，尤其是潞绸肚兜的纹样，处处寓意富贵兴旺，充满了对美好生活的向往。

5.3　清代潞绸肚兜虚拟仿真

5.3.1　潞绸的大提花组织图设计

根据对清代潞绸肚兜的实物考察，使用 Photoshop 绘制 1∶1 且保持四方连续的大提花纹样。通过浙江大学经纬纹织 CAD 软件，将纹样图转换为意匠图、组织图，直至生成纹板文件。为潞绸的织物仿真模拟做准备，同时将该潞绸的组织图数字化，有助于数字化织造。

（1）扫描工具栏

①导入纹样。打开纹织 CAD6.0 软件，导入先前绘制好的四方连续纹样图片，如图 5-36 所示。需要注意的是，所导入纹样图片中至少包含一个花纹循环，即该循环单元进行上、下、左、右的拼接都可以形成完整且连续的纹样图案。并且图片为 BMP 格式，如果绘制了 JPG 等其他格式的图片，需要进行转换。

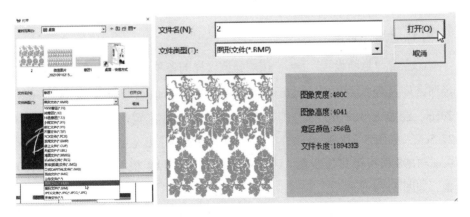

图 5-36　导入界面图

②图片处理。利用"放大缩小" $\mathcal{Q}$ 功能可放大或缩小扫描图，默认为放大，按住 Shift 键可缩小扫描图。利用"校正裁剪" 功能对导入的纹样进行修剪。

③分色。点击"自动分色" 将纹样图片进行分色，潞绸肚兜的面料为纯色暗纹，颜色简单，在导入的图片中只有两种颜色。

④新建意匠。点击"新建" 新建意匠，将导入的图片转化为意匠文件，并点击保存。

（2）绘图工具栏

①修改意匠图。在纹织 CAD 的意匠图中，一种颜色代表一种组织结构，并且每一处纹样轮廓的线条须得封闭起来。如纹样有需要修改的地方，可先利用"自由笔" 、"勾轮廓" 、或"曲线" 工具，先选取颜色，然后绘制封闭的线条，即该颜色对应的组织的纹样外轮廓。

②轮廓勾勒完成后，点击"填充" ，选择边界填充，将边界的颜色保护并对内部填充颜色。整个纹样描好后，可在"其他工具栏"中选中颜色选中"颜色统计"，当有其他颜色为杂色时，若是一个颜色，则可以合并；若是个别的点，则可以选用"降噪"功能，将少量的杂色点去除。潞绸纹样的图片在导入前已经使用 Photoshop 进行过勾勒与填色，所以在纹织软件中两种颜色界限分明，且无杂色，无须过多处理。

（3）工艺工具栏

①点击"意匠设置" ，按照潞绸纹样的各项参数，在对话框内输入经纬密度及经线数和纬线数，如图 5-37 所示，该意匠尺寸为 39.34cm×28cm，经密为 122 根/cm，纬密为 64 根/cm。每花宽度为 9cm，高度为 27.5cm，如图 5-38 所示。每花经线数＝经密×每花宽度，即 122 根/cm×9cm＝1098 根；每花纬线数＝纬密×每花高度，即 64 根/cm×27.5cm＝1760 根，如图 5-37 所示。

②投梭。点击"投梭" ，在意匠图上点击，由于该织物为单层，选择 1 号色、投一梭即可，再次点击"投梭"即可保存投梭信息。

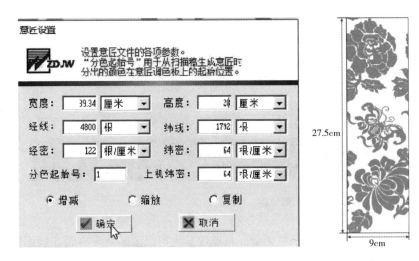

图 5-37　意匠设置界面图　　　　　　　　　　图 5-38　花宽与花高

③新建组织。打开"配置表" ⊛ 进行组织设计。地组织为五枚三飞缎纹，在"组织设定"中，经纬向都为 5，点击创新组织，右侧出现网格图案。在网格中任意点击，会发现白色格子变为黑色，意味着该点由纬组织点转换为经组织点。根据五枚三飞缎纹组织的交织规律，在左上角 5×5 的网格中绘制该组织图，创建完毕之后命名并保存。纹组织为 2/8 斜纹，组织的创建方法同上。新建组织界面图如图 5-39 所示。

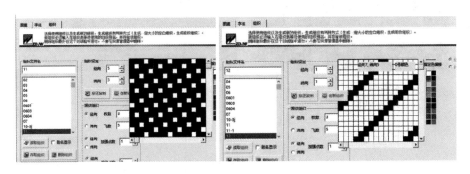

图 5-39　新建组织界面图

④铺组织。组织创建完毕之后，在左侧工具栏点击"铺组织" ▨ 按钮，可以从顶端工具栏切换自己所需要的组织（图 5-40），点击相对应的颜色，将该组织铺设到相应的位置。

铺组织结束后，即可实现清代潞绸肚兜的潞绸面料的组织图数字化，纹

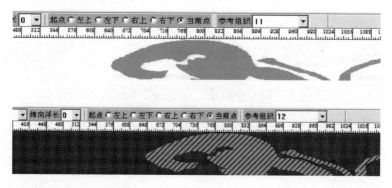

图 5-40　铺组织前后对比图

样各处组织点的沉与浮一览无余。将花纹放大可以清晰地观察到花地不同的组织结构的细节，如图 5-41 所示。缩小后可以显现组织图中整体的花型效果，如图 5-42 所示。

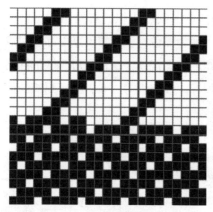

图 5-41　组织图细节　　　　　　　图 5-42　花型整体效果

（4）纹板工具栏

①样卡设置。选择"样卡" ，根据提花机的装造进行设置，现用提花机纹针 4800 针，第 1~8 针为梭箱针，控制选纬规律；第 9 针为停撬针，控制纬密均匀；第 49~112 针为边针，控制布边运动规律；第 113~4912 针为纹针，控制织物运动规律；其余为空针。相应的样卡设置图如图 5-43 所示。

②组织表设置。点击"组织表" 进行设置，如图 5-44 所示。在左

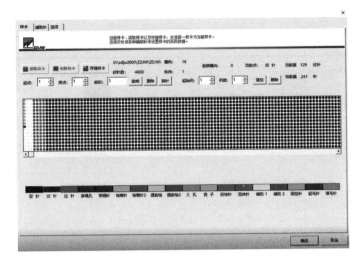

图 5-43　样卡设置图

侧"组织配置名称"中选取相应的组织并存储，然后点击"存入意匠"，最后点击"确定"。同样在"组织表" ![] 按钮中打开"辅助针表"进行设置，如图 5-45 所示。边针设置为 2，可形成平纹结构，更加紧密。点击"从样卡中读取"，选取之前存储好的样卡文件，然后点击"存入意匠"，最后点击"确定"。

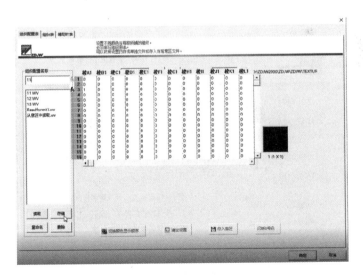

图 5-44　组织表设置

③生成纹板。点击"生成纹板" ![] ，在"样卡文件""配置表""投

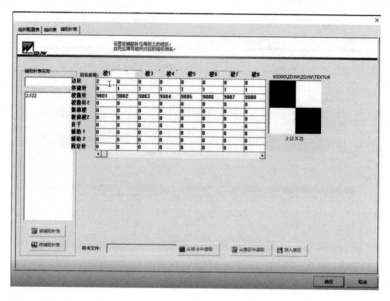

图 5-45　辅助针表设置

梭文件"选项处会自动选择之前存储好的对应文件，在"纹板文件"处选择纹板将要存储的位置。点击右上方的"生成纹板"按键，待进度条达到100%，即可生成 EP 格式的纹板文件，如图 5-46 所示。结合使用相应的电子提花机，则可以依据纹板文件进行织造，实现该潞绸面料的数字化织造。

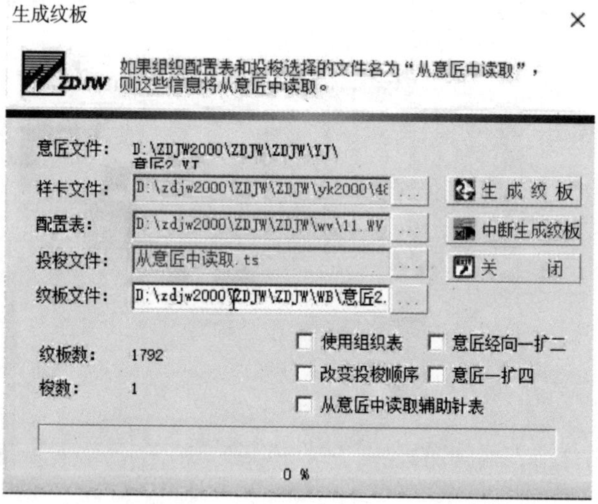

图 5-46　生成纹板

5.3.2　潞绸的织物仿真效果模拟

以纹织 CAD 软件制作的意匠图为基础，通过 ArahWeave 纺织品设计软件，进行潞绸的织物仿真效果模拟，最终得到潞绸织物仿真图。

(1) 备图

在纹织 CAD 软件中完成铺组织之后，点击"文件"—"另存为"，将意匠另存为 BMP 格式的图片，如图 5-47 所示。

(2) 导入纹样

进行织物的外观模拟，所用到的软件是 ArahWeave 纺织品设计软件。选择"织物组织"菜单栏，点击"大提花纹样转换"。弹出功能面板后，打开纹样菜单栏，点击

图 5-47　意匠图存储

"载入纹样"，将上一步骤所保存的意匠图片载入 ArahWeave 软件中。操作示意图如图 5-48 所示。

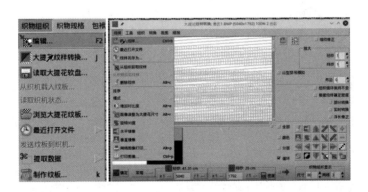

图 5-48　操作示意图

(3) 载入设置

载入纹样后，界面的左下方出现六个矩形块，上面一排对应着意匠图中

出现的三种颜色,黑色代表地组织和纹组织当中的经组织点,黄色代表纹组织当中的纬组织点,白色代表地组织当中的纬组织点。分别点击第二排的矩形块,可以发现每次点击都会使同一列的两个矩形发生文字标识或色彩的变化。通过这样的点击方式,使色彩与组织结构相匹配,最后调整至如图 5-49 所示的状态,即符合潞绸织物的组织结构特点。点击"确定",设置好的织物便出现在软件的主界面中。此时织物纹样的颜色与意匠图保持一致,显示效果如图 5-50 所示。

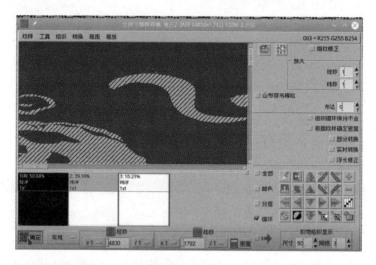

图 5-49 色彩与组织匹配图

图 5-50 织物纹样效果图

110

（4）色彩编辑

在"织物规格"菜单栏选择"色彩"功能，弹出色彩编辑功能面板，如果选择同一种黄色，则不能很好地展示暗纹效果。按照色彩试验的结果，分别选定赤金色和金雀花黄色为潞绸纹样的颜色。由于 ArahWeave 软件中使用的是潘通色卡，色泽表现上有差异，且生成的织物效果在远近的不同视角观察时，也会存在一定差异。最后选择了 14-0760、15-0942 两种黄色，如图 5-51 所示。

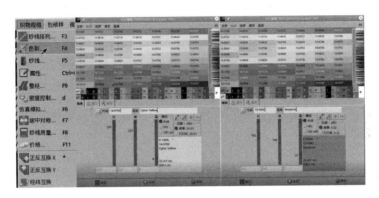

图 5-51　色彩编辑

（5）密度设定

在"织物规格"菜单栏中选择"密度控制"，设定好织物的经纬纱密度，点击"确定"，如图 5-52 所示。

图 5-52　经纬纱设置

（6） 生成图片

选择菜单栏的"文件"—"打印织物"，在弹出来的功能面板中点击"打印机设置"，设为 JPEG 格式。为了使纹样能够尽量多的显示在图片中，适当调大宽度和高度的数值，最后生成织物外观模拟的图片，如图 5-53 所示。

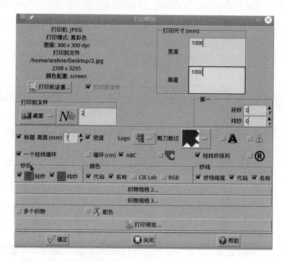

图 5-53　生成图片

（7） 展示

当把视图缩小时，可以观察到纹样的全貌，如图 5-54 所示；当把局部细节放大时，可以观察到织物上的肌理，如图 5-55 所示。模拟得到的织物仿真图，可以在后续潞绸肚兜的数字化再现中直接作为潞绸面料的纹理图使用。

图 5-54　织物纹样仿真

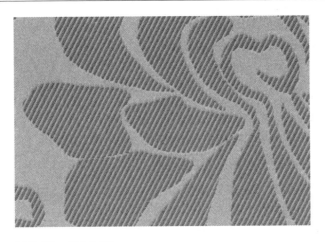

图 5-55　织物肌理

5.3.3　潞绸肚兜的刺绣模拟仿真

潞绸肚兜的中央有一块近圆形的刺绣装饰，产品数字化也需要结合刺绣仿真。因为无法直接对实物进行扫描，可以采用两种方法：以刺绣部分的照片为基础，通过软件进行刺绣效果转换；将刺绣部分重新绘制，刺绣图案绘制图导入软件后进行刺绣效果转换。下面分别对两种方法进行试验。

（1）兄弟制版软件 PE-DESIGN

在进行制版前，根据需要进行设计设置，按照机器的类型把页面设置中的绣花框尺寸设置成相应的尺寸。随后在视图工具中把显示网格和显示坐标轴打开，设置相应的间隔（如间隔为 10×10，每个格子表示 1cm）。打开绣花属性和颜色，显示在页面右侧，以便制版过程中使用。

在软件中打开图像文件，选择打开需要制版的刺绣肚兜图片，作为制版过程中参考的底图。根据实际情况，调整图片的透明度，以便后续的制版。一般情况下，透明度较高有利于后续工作的进行。

常用的绣花工具有手动绣花工具和轮廓线/区域绣花工具，根据底图绘制，绘制过程中尽可能根据实物进行调整。

由于织物的不同部位刺绣的针数不同，织物可能会受到绣线拉力的影响产生变形褶皱，从而影响最终刺绣图案和织物的美观。因此需要根据绣花机器和最终图案效果的实际情况，适当增加相应位置的拉力补偿值。

在软件界面左侧的绣花顺序框中拖动修改绣花顺序，做到"同色相邻"，即在不更换绣线的状态下，将相同颜色的图案进行绣制。同时，预览每种颜色绣线的出入针效果，在确保最终图案美观的状态下稍做调整。将制版完成后的文件进行存储，当需要进行实物绣制时，将文件导入相应的绣花机运行工作即可。最终PE-DESIGN 软件呈现的刺绣效果如图 5-56 所示。

图 5-56　PE-DESIGN 软件的刺绣模拟效果

（2）Style3D Fabric 软件

通过 Style3D Fabric 软件来模拟潞绸肚兜的刺绣效果，首先使用Photoshop 软件绘制刺绣图案，如图 5-57 所示。

将刺绣图案的图片导入 Style3D Fabric 软件主界面，选择贴图，在菜单栏选用"绣花工艺"的功能生成刺绣效果。经过反复试验发现，刺绣的底色不能与刺绣所用的颜色相近，否则在生成刺绣的时候图案识别残缺不齐，所以需要将图案的底色调整为

图 5-57　刺绣图案绘制图

反差较大的红色，最终生成的刺绣纹理基本完整。由 Style3D Fabric 软件呈现的刺绣模拟效果如图 5-58 所示。

使用刺绣照片进行模拟，清晰度不够，并且会发生偏色。相较兄弟制版软件而言，Style3D Fabric 软件所模拟的刺绣清晰度更高，色彩还原度更高，刺绣效果更逼真，且操作便捷。故此，刺绣模拟优先选用图案绘制图并通过Style3D Fabric 软件进行。经过多次试验，发现 Style3D Fabric 软件形成的刺绣针法单一，颜色识别的准确度较低，图案需要有边框进行辅助识别，且在大面积纯色块转化刺绣效果时偶有出错。需要后期使用 Photoshop 进行修复和

加工，一是填充残缺空白的部分；二是修复效果不佳的位置；三是将打籽绣的位置修正。经过 Photoshop 后期处理的最终刺绣模拟效果如图 5-59 所示。

图 5-58　Style3D Fabric 软件的刺绣效果　　图 5-59　最终刺绣模拟效果图

5.3.4　潞绸肚兜的产品整体模拟仿真

CLO 系统在服装 3D 行业中处于先进水平，功能强大齐全、使用方便、准确性高，有一定的普及性，符合现代服装工业的发展。通过 3D 服装设计软件，可以将服装设计、结构、色彩、面料通过数字化虚拟缝制进行展示。现使用 CLO3D 软件对清代潞绸肚兜整件产品进行模拟。将前文中提到的样板图、织物仿真图、刺绣仿真图在 CLO 系统中结合使用，最终形成清代潞绸肚兜的产品整体模拟仿真图。

(1) 板片设置

①板片导入。前面对清代潞绸肚兜进行板型调整时，已经详细分析过它的结构和数据。由服装 CAD 生成的 DXF 板片文件可以继续导入 CLO 系统中使用。导入后，使用"调整板片"功能将板片放置到对应位置，设置缝缝为 5mm，以便后续缝合。潞绸肚兜板片如图 5-60 所示。

②板片缝合。在 3D 视窗中打开"显示虚拟模特"，以人体作为参考，按照正确的服装空间关系放置 3D 服装板片。如图 5-61 所示，在 2D 视窗中，使用"自由缝纫"工具将前片的浅凹处与衣身进行缝合；使用"线缝纫"工具将前后片对应的五条边进行缝合。在缝纫时，需要注意方向的一致

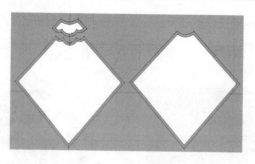

图 5-60　潞绸肚兜板片图

性，并区分衣片的正反面。可以在 3D 视窗中观察缝纫线是否出现交叉错误，以免模拟时出错，如图 5-62 所示。

图 5-61　2D 板片缝合

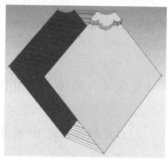

图 5-62　3D 板片缝合

　　③板片模拟。在 3D 视窗中打开"模拟"功能，肚兜会自动缝合成型。可以发现其外观不够平整服帖，将属性编辑器中的缝纫线类型设为"TURNED"，再次模拟，效果呈现较好。板片模拟效果如图 5-63 所示。

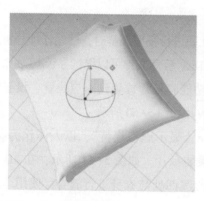

图 5-63　板片模拟效果

（2）面料处理

在 CLO 系统中进行新的面料设置，需要使用面料的纹理图、法线图和高光图，使面料本身更加具有细节和质感。纹理为漫射图，是织物外表视觉上的肌理效果；法线图呈蓝紫色，表现各法线方向上的凹凸效果；高光图为灰度图，能够更好地创造光影细节。由 ArahWeave 制作的织物仿真图可以用作纹理图，法线图和高光图的制作需要在 PixPlant 软件中进行。

①导入计算。打开 PixPlant 软件，在"Texture"选项中导入种子文件，即潞绸织物纹理图，如图 5-64 所示。在纹理图中，横向与纵向至少包括两个纹样循环，以便软件进行纹理延续的计算。点击"Generate"的生成按钮，按照纹理图的像素宽度 6972 和高度 13237 设置画框大小，软件会根据面料纹理特点自动计算并将纹理向四周外延。

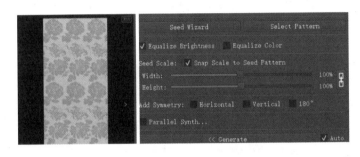

图 5-64　纹理图

②提取。计算完成后，提取 3D 贴图，可以勾选漫射、置换+法线、高光，进行提取。在提取界面会依次出现置换图和高光图的设置。置换贴图可以根据预览效果，适当调整细节和将表面比例拉到最高，如图 5-65 所示；高光图的光泽度保持中度，设为"无饱和度""Darker Areas in Source Are More Reflective"，如图 5-66 所示。

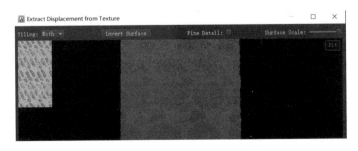

图 5-65　置换图设置

117

图 5-66　高光图设置

③生成。提取完成后，在窗口左侧可以预览面料的材质表现效果，窗口右侧依次为面料的漫射图、置换图、法线图和高光图。根据预览效果，对贴图的平滑度、强度、对比度等进行细微调整，直至面料的材质表现最佳。最终的面料效果图、漫射图、法线图、高光图分别如图 5-67～图 5-70 所示。最后将其中的法线图和高光图储存备用。

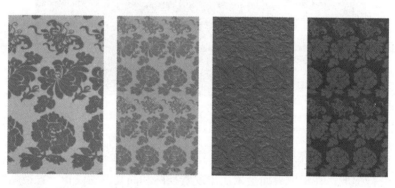

图 5-67　效果图　　图 5-68　漫射图　图 5-69　法线图　图 5-70　高光图

(3) 面料设置

潞绸肚兜用到三种面料，第一种是正面浅凹处的黑色缎料，第二种是正面衣身的黄色潞绸面料，第三种是背面衣身的褐色平纹面料。除此之外，潞绸肚兜上的刺绣也需要进行处理和设置。

①黑色缎料设置。缎织物结构比较紧密，以尽量保持领口的形状。同时重量与厚度与潞绸面料比较接近，保持服装整体质感的统一。选用 100% 真丝面料，克重为 $69.7g/m^2$，厚度修改为 $0.23mm$，如图 5-71 所示。黑色缎织物位于领口位置，在与潞绸拼接处有一道明线，可以使用"线段明线"工具添加相应的线迹，如图 5-72 所示。

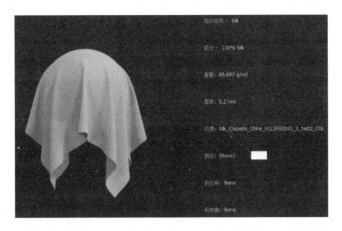

图 5-71　真丝面料

图 5-72　明线线迹

　　打开"渲染"窗口，观察渲染效果的同时，在属性编辑器中调节面料的表面粗糙度、反射强度，并将材质类型设置为"丝绸/色丁"，物理属性设为"真丝 绸缎"。通过不断对比，得到最佳效果，表面糙度为 30，反射强度为 65，如图 5-73 所示。

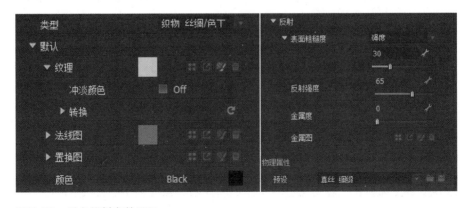

图 5-73　黑色缎料参数设置

119

②潞绸面料设置。使用纹织 CAD 与 ArahWeave 纺织品设计软件，得到了潞绸面料的纹理图。选择与潞绸面料性能相近的真丝面料，克重为 $49.5g/m^2$，厚度为 0.23mm，面料柔软且悬垂性良好，比普通真丝面料略厚一点，较符合潞绸的面料特点。在属性编辑器中，将材质类型设置为"丝绸/色丁"、将物理属性设为"真丝 绸缎"，将制作好的潞绸面料纹理图导入到"纹理"，将法线图导入"法线图"，将表面粗糙度设为"高光图"，并将高光图导入下方，如图 5-74 所示。使用"编辑纹理"功能，对照潞绸肚兜实物，将纹理进行旋转、缩放，使花纹尽可能与实物一致。

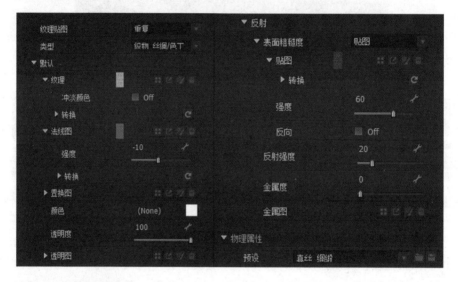

图 5-74　面料属性编辑

打开"渲染"窗口，观察渲染效果的同时，在属性编辑器中调节面料的法线图强度、高光图强度、反射强度。通过不断对比，得到最贴近实物的效果，即法线强度为-5，高光图强度为 40，反射强度为 10。法线图强度对比如图 5-75 所示，增加法线图后，面料细节明显增加，正值增加凸出效果，负值增加凹陷效果，当数值调为-5，最接近肚兜实物效果。高光图强度对比如图 5-76 所示，当强度增加至 40 时，纹样色泽得到改善的同时，能保持色调一致；继续增加强度值，织物效果开始下降。反射强度对比如图 5-77 所示，将视角调整至侧面便于观察反射光泽效果，随着反射度增强，产品的颜色变得更加柔和，表面反射的光泽更加强烈。强度为 10 时，色泽柔和适中；强度继续增加，光泽效果不再有明显变化。调整完成后的最终效果如

图 5-78 所示。

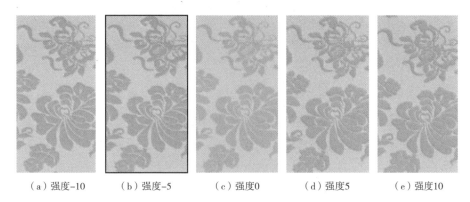

　　（a）强度-10　　　（b）强度-5　　　（c）强度0　　　（d）强度5　　　（e）强度10

图 5-75　法线强度设置

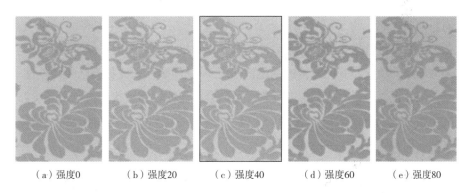

　　（a）强度0　　　（b）强度20　　　（c）强度40　　　（d）强度60　　　（e）强度80

图 5-76　高光强度设置

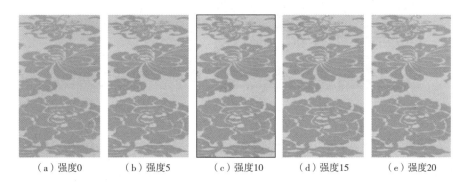

　　（a）强度0　　　（b）强度5　　　（c）强度10　　　（d）强度15　　　（e）强度20

图 5-77　反射强度设置

121

图 5-78 最终效果

③褐色平纹面料设置。潞绸肚兜背面使用的是一块褐色平纹面料，且上有墨书。如果先设置纯色面料，再将墨书作为贴图导入，则墨书部分会失去面料的肌理感。为了尽可能贴近真实效果，先在 Photoshop 中将面料肌理、色彩、墨书进行复合处理。先后导入绘制好的墨书图片和面料纹理图，新建一个图层并填充与肚兜一致的褐色，如图 5-79 所示。肚兜板型已经调整过，墨书图片也要进行相应的形变处理，以贴合肚兜的轮廓形状。将色彩图层和文字图层的混合模式设置为"正片叠底"。最终得到的纹理图便兼具色彩、文字和面料肌理感，如图 5-80 所示。

图 5-79 图层设置   图 5-80 纹理图效果

使用"编辑纹理"功能，对照潞绸肚兜实物，将纹理进行旋转、缩放，使墨书尽可能与实物一致。打开"渲染"窗口，观察渲染效果的同时，在属性编辑器中调节面料的表面粗糙度、反射强度，并将材质类型设置为"织物 哑光"，物理属性设为"亚麻布"。通过不断对比，得到最佳效果，表面糙度为 80，反射强度为 15，如图 5-81 所示。背面效果如图 5-82 所示，放大后可以清晰地观察到面料上的纹理细节，如图 5-83 所示。

 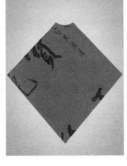 

图 5-81　属性设置　　　图 5-82　背面效果　　　图 5-83　纹理细节

④刺绣设置。刺绣可以贴图的形式与潞绸肚兜相结合，点击"贴图"功能按钮，将经由 Style3D Fabric 和 Photoshop 制作处理得到的刺绣仿真图导入 CLO 系统，需要注意图片需为 PNG 格式。按照刺绣的实际大小设置图片尺寸，使用"调整贴图"功能，通过移动和旋转，将刺绣的位置调整至与实物一致。将视角调至侧面，可以发现刺绣图案缺少立体感，形似印花而非刺绣。刺绣贴图如图 5-84 所示。

图 5-84　刺绣贴图

为了增加刺绣的立体感，需要制作刺绣的置换图。将刺绣图片导入 Photoshop，进行图像去色处理，然后使用滤镜进行高斯模糊，强度设为 2。

新增一个图层，填充为黑色，置于刺绣图层下。最后将两个图层合并，进行色阶调整。通过色阶调整，使所有图案都能显现出来，且亮度尽量接近，既不会过暗，也不会过亮。最终得到的刺绣置换图如图 5-85 所示。

图 5-85　刺绣置换图

　　将置换图导入 CLO 系统中，置换程度设为 1.5，粒子间距设为 1。将置换图导入打开"渲染"窗口，观察渲染效果的同时，在属性编辑器中调节贴图的属性。潞绸肚兜刺绣使用真丝线，光泽度很好，故将材质类型设置为"织物 丝绸/色丁"，并调整其表面粗糙度、反射强度。通过不断对比，得到最佳效果，表面糙度为 48，反射强度为 60。参数设置如图 5-86 所示。整体效果如图 5-87 所示，放大后可清晰地观察到刺绣的细节，如图 5-88 所示。

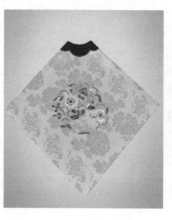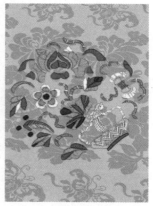

图 5-86　参数设置　　图 5-87　整体效果　　图 5-88　刺绣细节

（4）效果展示

①下裙制作。首先导入一个人体模特，按照服装标准号型 160/84A，通过虚拟模特编辑器设置模特的身体数据，如表 5-7 所示。

表 5-7　虚拟模特身体数据设置

部位	尺寸（cm）	部位	尺寸（cm）	部位	尺寸（cm）
身高	160	胸围	84	腰围	68
臀围	90	肩宽	38	领围	38
腰节	38	胸高	24.5	乳间距	17.5
臀长	18	臂长	56	臂围	28
腕围	16	腰踝	98	腰膝	56.5
腿围	55	膝围	36	踝围	23

展示潞绸肚兜的人体穿着效果，需要制作一条下裙作为搭配。潞绸肚兜是展示的重点，裙子只需简洁大方，风格融洽即可，可以将传统裙装进行简化后用作搭配。肚兜的衣身覆盖人体的腰腹位置，裙腰位置不宜堆叠重合过多，所以腰头绕腰一周缝合即可，不必照搬传统裙装绕腰一周半的半包裹形制。为了使裙身线条简洁流畅，将裙身设计为八片裙，由八块完全一样的梯形板片拼合而成，如图 5-89 所示。裙摆围为 20cm×8＝160cm，上身效果合体，行动不受影响，同时裙摆不至于过大。裙长与大多数传统裙装一致，长至脚面。在面料材质上，也设置为真丝面料，光泽度弱于潞绸面料，既统一风格，又不至于喧宾夺主。在颜色上，使用饱和度较低的水绿色，色彩柔和清雅，也可与肚兜上刺绣的颜色相呼应。下裙的穿着展示图如图 5-90 所示。

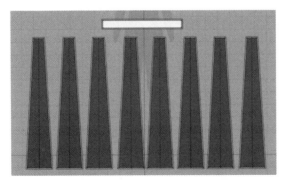

图 5-89　下裙板片

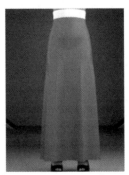

图 5-90　下裙穿着展示图

②产品展示。潞绸肚兜没有系带，不可穿着。为了便于模拟人体模特的穿着效果，在脖子和腰部位置分别缝制一对系带，系带颜色与肚兜上端浅凹处保持一致，都是用黑色，可以互相呼应。导入人体模特，修改相应的身体数据。先使用假缝针将上衣暂时固定在模特上，通过不断模拟与调整，使上衣较贴合人体的真实穿着效果。根据假缝针固定好的最终效果，将两处系带调整至合适的长度，并导入打好结的缎带，模拟真实的系带打结效果。系带调整完成后，将假缝针去除。

导入 CLO 系统自带的舞台场景，在动画模式下，让模特按照指定路线在 T 台上展示服装，分别截取正面、背面、侧面以及全身的服装展示效果图，如图 5-91 所示。在效果图中可以看到，最终模拟完成的清代潞绸肚兜色彩鲜亮有光泽，其上的暗纹清晰可见，有自然的弯折和悬垂效果。刺绣部分有明显的立体肌理感，绣线色彩分明且具有较强的光泽感。在清代潞绸肚兜的基础上，通过计算机软件进行了修复性再现，使其以更加崭新、更具细节的面貌呈现出来。

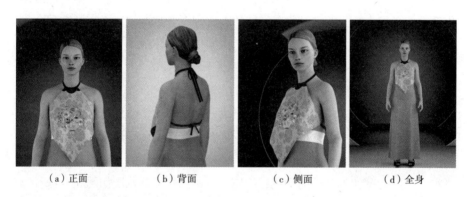

（a）正面　　　　　　（b）背面　　　　　　（c）侧面　　　　　　（d）全身

图 5-91　肚兜穿着效果展示

5.3.5　小结

清代潞绸肚兜的虚拟仿真操作流程如图 5-92 所示。

首先将 Photoshop 绘制的四方连续纹样图导入纹织 CAD 软件，通过纹织软件得到纹样的组织图和意匠图。组织图在纹织软件中进一步处理，最终得到纹板文件，用于电子提花机织造面料。意匠图片导入 ArahWeave 软件，可以得到纹样的织物仿真图。织物仿真图通过在 PixPlant 软件中提取贴图，可

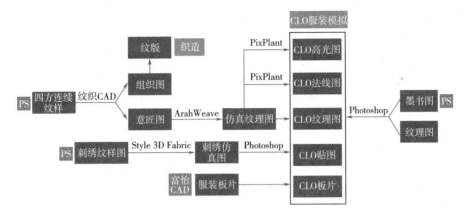

图 5-92 虚拟仿真操作流程图

以生成对应的法线图和高光图。将潞绸面料的织物仿真图（纹理图）、法线图和高光图导入 CLO 系统，作为潞绸面料的纹理图、法线图和高光图使用，丰富面料细节。与此同时，在 Style3D Fabric 软件中，可以制作刺绣仿真图，该图存在一些缺陷，需要在 Photoshop 中进行调整和修复。然后导入 CLO 系统中，作为刺绣贴图，增加到潞绸肚兜上，完成肚兜刺绣的模拟。将肚兜背面的面料纹理与墨书文字通过 Photoshop 复合在一起，制作面料纹理图，用于背面面料的模拟。在板型调整时，已经绘制了潞绸肚兜新的结构图和样板图。将服装板片导入 CLO 系统中继续使用，与之前的面料纹理图、法线图、高光图、刺绣贴图共同结合，最终通过模拟得到完整的潞绸肚兜。并在此过程中，在"渲染"窗口的观察下，调试属性参数，得到与实物最相符的模拟效果。

5.4 本章小结

对清代潞绸肚兜进行虚拟仿真的具体方法，可以作为潞绸数字化研究的参考，也可以作为潞绸数字化保护的基础工作。基于虚拟仿真技术对传统潞绸进行数字化再现研究，本章主要对以下三个方面进行了分析研究。

①通过分析潞绸的研究和保护现状，选定清代潞绸肚兜为研究对象，并选定数字化的方法对该文物进行模拟再现。

②对清代潞绸肚兜进行了全方位解析，将其尺寸、色彩、纹样、结构等转化为数字化信息。统计了清代潞绸肚兜的用色，绘制了肚兜的款式图、提花暗纹图、刺绣纹样图、墨书文字图、产品结构图、样板图，以及潞绸肚兜调整后的色彩数值、结构图、样板图、款式图。分析清代潞绸肚兜背后的时代和文化背景，以清代潞绸肚兜为焦点，分析肚兜的来历和功用，色彩的寓意、流行与技艺，纹样的寓意、偏好与风格，并涉及相关的婚嫁民俗、社会意义、服饰制度等。

③绘制的清代潞绸肚兜上面的各个纹样，以纹样图为基础，结合使用Photoshop、纹织 CAD、ArahWeave、PixPlant、Style3D Fabric、服装 CAD、CLO3D 等软件，先后得到 CLO 进行产品模拟所需要的板片、面料纹样图、面料法线图、面料高光图及刺绣贴图，最终在 CLO 系统中完成清代潞绸肚兜的模拟和调试。其中，刺绣部分的模拟效果还可以继续优化，在丝线的纹理走向、不同针法的表现效果、刺绣的光泽效果等方面还有待提高。

在今后的潞绸数字化研究中，可以继续改善潞绸质感的模拟效果。加强刺绣的肌理感和不同针法的表现效果，并对真实的潞绸面料进行经纬纱线强度、对角线张力、经纬纱线弯曲强度等性能测试，使虚拟潞绸更加逼真。潞绸文物极其难得一见，借助数字化方法，如实物扫描、虚拟文物、数字博物馆等，可以更好地实现潞绸文化的传播、交流、研究、保护。潞绸的数字化传承与保护之路才刚刚开始，希望后来者可以探寻到新的潞绸文物，逐步构建潞绸的数字资料库和数字博物馆，让潞绸从史书文献和口口相传中，走入互联网的记忆和人民群众的视野之中。作为国家级非物质文化遗产，潞绸的美丽从不限于一城一地，值得代代传承与保护。

参考文献

［1］刘淑强，张洁，吴改红，等．明代潞绸的纹样解析与服装款式分析［J］．毛纺科技，2021，49（10）：46-53.

［2］张洁，刘淑强，张瑶，等．明清时期山西泽潞地区潞绸贸易状况分析［J］．蚕业科学，2021，47（1）：94-97.

［3］刘淑强，张瑶，张洁，等．潞绸非物质文化遗产的数字化保护策略探究［J］．毛纺科技，2020，48（9）：99-103.

［4］刘淑强，吴改红，邵同诚，等．山西潞绸与文化旅游产业结合发展策略研究［J］．山东纺织科技，2018（4）：47-49.

［5］吴改红，刘淑强．山西潞绸数字化保护与传承途径研究［J］．轻纺工业与技术，2016，45（3）：38-40.

［6］刘明芳，邵同诚，刘淑强，等．山西晋绣的地域艺术特征探究［J］．山东纺织科技，2018（4）：40-43.

［7］吴改红，刘淑强．民间传统手工千层底布鞋制作工艺［J］．轻纺工业与技术，2016（4）：42-45，51.

［8］张洁．基于虚拟仿真技术的清代潞绸肚兜数字化再现研究［D］．太原：太原理工大学，2022.

［9］张瑶．山西潞绸传统技艺特征及其数字化设计［D］．太原：太原理工大学，2020.

［10］田秋平．天下潞商［M］．太原：三晋出版社，2009.

［11］韩建保，杨继东．丝绸之路经济带与古州雁门［M］．太原：山西人民出版社，2014.

［12］高春平，牛三平，高广达．山西与"一带一路"玉石之路—丝绸之路—茶叶之路［M］．太原：山西人民出版社，2019.

[13] 王瑾．山西潞绸在当代家居服设计中的应用研究［D］．北京：北京服装学院，2015.

[14] 芦苇．潞绸技术工艺与社会文化研究［D］．上海：东华大学，2012.

[15] 芦苇，杨小明．明清泽潞地区的丝织技术与社会［J］．科学技术哲学研究，2011，28（3）：107-112.

[16] 高春平．明代潞绸业的兴盛与管理［J］．晋中学院学报，2009，26（4）：19-23.

[17] 朱江琳．明清潞绸兴衰始末及其原因分析［J］．丝绸，2014，51（7）：64-69.

[18] 鲁闽．明清山西潞绸的兴盛及文化特征［C］．第十三届全国纺织品设计大赛暨国际理论研讨会，2013.

[19] 薛荣．明代潞绸业兴盛的表现及其原因探析［J］．山西师大学报（社会科学版），2009，36（4）：80-83.

[20] 薛荣．论明清时期泽潞地区商品经济发展—以潞绸业、潞铁业为中心［D］．郑州：郑州大学，2010.

[21] 许磊，张蓉，姚平．传统丝绸产业发展及技艺传承创新对策研究［J］．江苏丝绸，2018（4）：26-27，25.

[22] 徐允信．山西潞商与潞绸［J］．北方蚕业，2007，28（2）：70-71.

[23] 徐允信．也谈潞绸［J］．中国蚕业，1996（1）：44.

[24] 梁君威．吉利尔创造潞绸文化新辉煌［J］．纺织服装周刊，2013（29）：10.

[25] 岳树明．山西潞绸兴衰史［J］．丝绸，2000（7）：43-44.

[26] 岳树明．鼎盛发展明王朝风流美誉《金瓶梅》山西潞绸"衣天下"［J］．蚕学通讯，1999：58-59.

[27] 乔南．传统社会区域产业结构变动的经济学分析—以明清潞泽地区为例［J］．经济问题，2014，（9）：109-113.

[28] 张敏．明代潞泽地区商贸兴起的原因初探——基于区位论视角的分析［D］．太原：山西大学，2010.

[29] 丹婴．潞商之殇［J］．锦绣，2010，（6）：122-124.

[30] 陈瑾．繁华旧梦：寻访失落的潞绸岁月［J］．科学之友（A版），2007（1）：44-45.

[31] 梅衣．"衣天下"的潞绸［J］．科学之友，2013（4）：30-31.

[32] 张舒，张正明．明清时期的山西潞绸业［C］．第十三届明史国际学术研讨会论文集，2009.

[33] 沈琨，田秋千．潞绸史话［J］．山西档案，2008（6）：48-52.

[34] 陈赛赛．明代泽潞商人群体兴起缘由探析［J］．长春教育学院学报，2015（22）：27-28.

[35] 田衍．长治民间发现的明代潞绸［J］．收藏，2007（10）：120-121.

［36］杜正贞，赵世瑜. 区域社会史视野下的明清泽潞商人［J］. 史学月刊，2006（9）：65-78.

［37］邓荣霖. 如何成为发展中的"先遣部队"［J］. 人民论坛，2012（27）：64.

［38］崔海丽. 山西长治蚕桑业的现状与发展建议［J］. 北方蚕业，2001，22（1）：33-34.

［39］周宏蕊. 继承传统、弘扬国粹——中国丝绸文化变迁研究［J］. 包装世界，2018（3）：74-76.

［40］牛建涛，胡绮，黄紫娟，等. 苏州非物质文化遗产丝绸罗的保护与传承现状分析［J］. 丝绸，2018，55（10）：78-82.

［41］李鑫. 传承千年文明铸就国之瑰宝——浅谈丝绸文化［J］. 江苏丝绸，2018（4）：前插1.

［42］桑士达，姚升厚，陈荫，等. 促进湖州丝绸产业传承发展的调查与思考［J］. 浙江经济，2017（12）：23-25.

［43］白蕾. 现阶段我国非物质文化遗产保护实际情况及对策［J］. 赤子，2019（8）：43.

［44］孟克乌兰. 试论非物质文化遗产的保护与传承［J］. 赤子，2019（7）：55.

［45］王惟惟. 文化创意产业与非物质文化遗产融合发展［J］. 大众文艺，2019（2）：3.

［46］张陈陈. 非物质文化遗产保护综述［J］. 戏剧之家，2018（12）：235.

［47］曹军. 非物质文化遗产与新时期群众文化的融合［J］. 大众文艺，2018（23）：3.

［48］张晓华. 非物质文化遗产的传承与保护［J］. 散文百家（下），2018（11）：15.

［49］王勇. 非物质文化遗产为何要走产业化发展之路［J］. 人民论坛，2019（2）：132-133.